KLEINER GRUNDRISS DER THEORETISCHEN PHYSIK

KLEINE, BESONDERS BEARBEITETE AUSGABE DER

EINFÜHRUNG

IN DIE THEORETISCHE PHYSIK

VON

ARTHUR HAAS

DR. PHIL., PROFESSOR FÜR PHYSIK AN DER UNIVERSITÄT IN WIEN

MIT 22 FIGUREN

BERLIN UND LEIPZIG 1934

WALTER DE GRUYTER & CO.

VORMALS G. J. GÖSCHEN'SCHE VERLAGSHANDLUNG · J. GUTTENTAG, VERLAGSBUCHHANDLUNG · GEORG REIMER · KARL J. TRÜBNER · VEIT & COMP.

Archiv-Nr. 52 52 34

Printed in Germany

Druck von Metzger & Wittig in Leipzig

VORWORT

Das vorliegende Büchlein stellt eine wesentlich vereinfachte und auf einen etwa sechsmal kleineren Umfang verringerte Parallel-Ausgabe meiner zweibändigen „Einführung in die theoretische Physik“ (nach deren 5. und 6. Auflage) dar. Es ist für den Gebrauch durch solche Leser bestimmt, für die die Physik nicht ein Hauptstudium, sondern nur eine Ergänzung eines anderen Studiums bedeutet und die daher weder die Zeit noch die Absicht haben, die umfangreichere „Einführung“ zu lesen; auch Studierenden der Physik selbst vermag aber vielleicht der „Kleine Grundriß“ als erste Einleitung oder als Repetitorium zu dienen.

Damit der „Kleine Grundriß“ ein in sich abgeschlossenes, einheitliches und selbständiges Buch sei, habe ich sein Manuskript zum großen Teile neu verfaßt. Das Hauptgewicht wurde auf die Verständlichmachung der Grundlagen der theoretischen Physik gelegt — auf die Grundgleichungen der Bewegung und des elektromagnetischen Feldes sowie auf die fundamentalen Prinzipe der Wärmelehre und der Atomphysik, wobei ich bemüht war, die Darstellung auch den Bedürfnissen der Chemie-Studierenden anzupassen. Eine besondere Berücksichtigung haben die modernen Probleme der theoretischen Physik gefunden.

Um trotz des geringen Umfanges ein möglichst weites Gebiet behandeln zu können, mußte ich mich bei den Deduktionen im allgemeinen auf eine kurze Skizzierung des Gedankenganges und die Angabe der Ergebnisse beschränken (Leser, die bestimmte Deduktionen in ihrer Vollständigkeit kennenzulernen wünschen, können sie ja leicht in meiner „Einführung“ nachschlagen). Besondere Vorkenntnisse werden nicht vorausgesetzt; es genügt die Kenntnis der Grundideen der Differential- und Integralrechnung sowie der wichtigsten Ergebnisse der Experimentalphysik.

Wien, im September 1934.

ARTHUR HAAS.

INHALTSVERZEICHNIS

Erster Teil. Mechanik

Erstes Kapitel. Die Bewegung der Massenpunkte

Zweites Kapitel. Die Bewegung starrer Körper

Drittes Kapitel. Theorie der Vektorfelder und der Schwingungen

Viertes Kapitel. Die Bewegung deformierbarer Körper

Zweiter Teil.
Theorie des elektromagnetischen Feldes und des Lichtes

Fünftes Kapitel. Elektrizität und Magnetismus

Seite

Sechstes Kapitel.
Die MAXWELLsche Theorie des elektromagnetischen Feldes

Siebentes Kapitel. Theorie des Lichtes

Achtes Kapitel. Die Relativitätstheorie

Dritter Teil. Wärmelehre

Neuntes Kapitel. Die allgemeinen Prinzipe der Thermodynamik

Zehntes Kapitel. Die Anwendungen der thermodynamischen Prinzipe

Elftes Kapitel. Die kinetische Theorie der Wärme

Vierter Teil. Atomtheorie

Zwölftes Kapitel. Die Grundlagen der Atomtheorie

Erster Teil

MECHANIK

Erstes Kapitel

Die Bewegung der Massenpunkte

§ 1. Beharrungsprinzip und Kraftbegriff

Das einfachste Beispiel einer Bewegung wird durch eine geradlinige Bewegung dargestellt, bei der in gleichen Zeiten gleiche Wegstücke zurückgelegt werden. Eine solche Bewegung wird gleichförmig genannt, und der Quotient aus einem beliebigen Stücke des Weges und der zu seiner Zurücklegung erforderlichen Zeit wird als Geschwindigkeit bezeichnet. Durchläuft ein Körper eine ganz beliebige, im allgemeinen also krummlinige Bahn in beliebiger Bewegung, so kann gleichwohl die Bewegung durch ein kleines Stück der Bahnkurve näherungsweise als gleichförmig angesehen werden. Betrachten wir ein Kurvenelement von der Länge ds, das in einem Zeitelement dt zurückgelegt wird, so kann der Differentialquotient ds/dt als der momentane Wert der Geschwindigkeit definiert werden. Der Geschwindigkeit können wir auch in jedem Augenblick eine Richtung zuschreiben, indem wir diese mit der Richtung des Bahnelementes, also der Bahntangente, zusammenfallen lassen.

Als erstes Bewegungsgesetz erscheint nun bei Newton (1687) das bereits von Descartes (1644) ausgesprochene Beharrungsprinzip. Ein jeder Körper behält nach diesem Prinzip den Wert seiner Geschwindigkeit und seine Bewegungsrichtung unverändert bei, wofern keine äußeren Ursachen die Bewegung des Körpers beeinflussen. Im besonderen muß daher ein ruhender Körper bei dem Fehlen äußerer Ursachen im Zustande der Ruhe beharren.

Ändert also ein Körper seine Geschwindigkeit oder seine Bewegungsrichtung, so muß als Grund dieser Änderung eine äußere Ursache angenommen werden, die den Körper, wenn er ruhte und frei beweglich wäre, in Bewegung versetzen würde und die eben mit einem alt hergebrachten Ausdruck als Kraft bezeichnet wird.

Es ist eine wichtige Erfahrungstatsache, daß man jede Kraft, die einen frei beweglichen Körper in Bewegung zu setzen strebt, daran durch einen Zug verhindern kann, der von einem Gewichte von bestimmter Größe in bestimmter Richtung ausgeübt wird. Infolgedessen kann man eine Kraft dadurch bestimmen, daß man angibt, wie groß ein Gewicht sein muß und in welcher Richtung es einen Zug ausüben muß, um die Wirkung der zu bestimmenden Kraft aufzuheben. Indem man dieses Gewicht mit einem als Einheit festgesetzten Gewicht vergleicht, kann man die Größe der Kraft messen, und da, wie die Erfahrung lehrt, zwei gleich große, aber entgegengesetzte Zugkräfte einander aufheben, so muß man der Kraft eine Richtung zuschreiben, die der Richtung des sie kompensierenden Zuges gerade entgegengesetzt ist. Jede Kraft kann daher, wie zuerst STEVIN (um 1600) erkannte, symbolisch durch eine Strecke dargestellt werden, die dieselbe Richtung wie die Kraft hat und die ebensoviel Längeneinheiten umfaßt, als die Kraft Krafteinheiten enthält.

§ 2. Die Vektorgrößen

Größen, die wie die Geschwindigkeit und die Kraft erst durch Angabe einer Richtung vollkommen bestimmt sind und daher symbolisch durch gerichtete Strecken dargestellt werden können, werden als Vektorgrößen oder Vektoren schlechthin bezeichnet.

An jeder Vektorgröße müssen drei wesentliche Eigenschaften unterschieden werden: der Betrag, die Richtung und der Richtungssinn. Unter dem Betrag eines Vektors versteht man die Zahl, die es angibt, wieviel Einheiten die betreffende Größe hat. Unter dem Betrag einer Kraft oder einer Geschwindigkeit versteht man beispielsweise die Zahl, die es angibt, wieviel Krafteinheiten die betreffende Kraft oder wieviel Geschwindigkeitseinheiten die betreffende Geschwindigkeit mißt. Bei der Darstellung durch eine gerichtete Strecke ist natürlich der Betrag der Vektorgröße durch die Länge der Strecke repräsentiert.

Dem allgemeinen Brauche gemäß sollen in diesem Buche Vektorgrößen immer mit deutschen Buchstaben bezeichnet werden. Der Betrag eines Vektors soll mit dem entsprechenden lateinischen Buchstaben bezeichnet werden, also der Betrag eines Vektors $\mathfrak{A}$ mit A.

Daß zwei Vektoren $\mathfrak{A}$ und $\mathfrak{B}$ im Betrage, in der Richtung und im Richtungssinn übereinstimmen, soll durch die symbolische Gleichung ausgedrückt werden

$$\mathfrak{A} = \mathfrak{B}\,. \tag{1}$$

Zwei Vektoren werden also auch dann als *identisch* angesehen, wenn sie von verschiedenen Punkten aus gezogen werden, wofern nur Betrag, Richtung und Richtungssinn übereinstimmen. Daß zwei Vektoren $\mathfrak{A}$ und $\mathfrak{C}$ zwar im Betrage und in der Richtung übereinstimmen, jedoch *entgegengesetzten Richtungssinn* haben, soll seinen Ausdruck in der symbolischen Gleichung $\mathfrak{A} = -\mathfrak{C}$ finden.

Die Projektionen eines Vektors auf die Achsen eines Koordinatensystems werden als die *Komponenten* des Vektors in bezug auf dieses Koordinatensystem bezeichnet. Sind die Komponenten eines Vektors $\mathfrak{A}$ gleich[1] A_x, A_y, A_z, so ist nach dem pythagoreischen Lehrsatz

$$A^2 = A_x{}^2 + A_y{}^2 + A_z{}^2\,. \tag{2}$$

Das Quadrat des Betrages eines Vektors ist gleich der Summe der Quadrate seiner Komponenten.

Durch die Komponenten ist natürlich nicht nur der Betrag des Vektors bestimmt, sondern auch seine Richtung und durch das Vorzeichen der Komponenten auch der Richtungssinn. Zu beachten ist, daß zwei Arten von räumlichen Koordinatensystemen möglich sind, die miteinander nie zur Deckung gebracht werden können, weil die eine Art das Spiegelbild der anderen ist. Die moderne Physik bedient sich ausschließlich des sogenannten Rechtssystems, bei dessen Darstellung in Fig. 1 die y-Achse rückwärts gerichtet ist, während sie bei dem Linkssystem nach vorne gerichtet wäre.

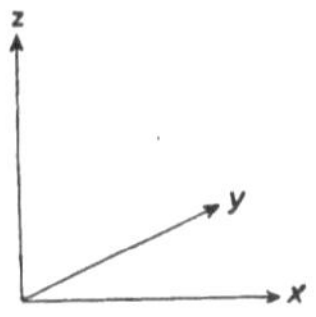

Fig. 1

Im Gegensatz zu den Vektoren nennt man Größen, die wie Temperatur, Zeit, Masse, elektrische Ladung usw. durch Angabe einer Zahl bereits vollkommen bestimmt sind, denen also eine Richtung nicht zukommt, *Skalare*. Mit einem Skalar wird ein Vektor derart multipliziert, daß der Betrag des Vektors mit dem Skalar multipliziert wird, ohne daß an der Richtung des Vektors etwas geändert wird.

[1] Die Komponenten eines Vektors sollen in diesem Buch grundsätzlich immer mit lateinischen Buchstaben bezeichnet werden.

Ebenso wie Zahlengrößen können auch Vektoren durch mannigfache Operationen miteinander verknüpft werden, die zweckmäßig so definiert werden, daß sie in besonderen Fällen in die mit gleichen Namen benannten arithmetischen Operationen übergehen. Um die Summe zweier Vektoren $\mathfrak{A}$ und $\mathfrak{B}$, bezeichnet durch das Symbol $\mathfrak{A} + \mathfrak{B}$, zu erhalten, trägt man von dem Endpunkt des Vektors $\mathfrak{A}$ den Vektor $\mathfrak{B}$ auf und verbindet sodann den Anfangspunkt des Vektors $\mathfrak{A}$ mit dem Endpunkt des Vektors $\mathfrak{B}$ (Fig. 2). Sind zwei zu addierende Vektoren gleich gerichtet, so geht die vektorielle (oder geometrische) Addition in die arithmetische über. Unter der Differenz zweier Vektoren, bezeichnet durch das Symbol $\mathfrak{A} - \mathfrak{B}$, versteht man die Summe aus dem Vektor $\mathfrak{A}$ und aus einem Vektor, der dem Vektor $\mathfrak{B}$ entgegengesetzt gleich ist.

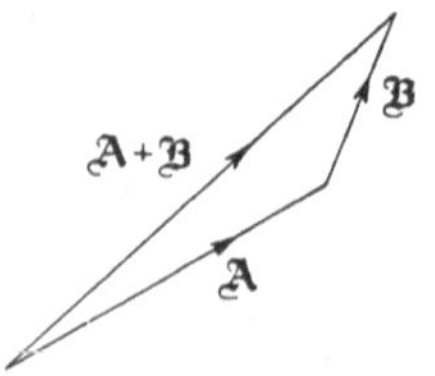

Fig. 2

Bei der Multiplikation von Vektoren unterscheidet man die innere und die äußere Multiplikation. Als inneres oder skalares Produkt zweier Vektoren, bezeichnet durch das Symbol $\mathfrak{A}\mathfrak{B}$ oder $(\mathfrak{A}\mathfrak{B})$ definiert man einen Skalar, der sich ergibt, wenn man den Betrag des einen Vektors mit der Projektion des anderen Vektors auf den ersten Vektor multipliziert. Es ist also

$$\mathfrak{A}\mathfrak{B} = AB\cos(\mathfrak{A}, \mathfrak{B})\,. \tag{3}$$

Das skalare Produkt ist positiv oder negativ, je nachdem ob die beiden Vektoren miteinander einen spitzen oder stumpfen Winkel einschließen. Aus Gl. 3 folgt ferner

$$\mathfrak{A}\mathfrak{A} = A^2\,; \tag{4}$$

d. h. das skalare Produkt eines Vektors mit sich selbst ist gleich dem Quadrate des Betrages, und ferner

$$\mathfrak{A}\mathfrak{B} = 0\,,\ \text{wenn } \mathfrak{A} \text{ senkrecht zu } \mathfrak{B}\,. \tag{5}$$

Weiter läßt sich zeigen, daß ganz allgemein die wichtige Beziehung besteht

$$\mathfrak{A}\mathfrak{B} = A_x B_x + A_y B_y + A_z B_z\,. \tag{6}$$

Im Gegensatz zu dem inneren oder skalaren Produkt definiert man als das äußere oder Vektorprodukt zweier Vektoren $\mathfrak{A}$ und $\mathfrak{B}$ einen Vektor, dessen Betrag gleich ist dem Flächeninhalt eines von den Vektoren $\mathfrak{A}$ und $\mathfrak{B}$ gebildeten Parallelogramms, der also soviel Längeneinheiten mißt, als das Parallelogramm Flächeneinheiten enthält, und der einen solchen Richtungssinn hat, daß, von seiner Spitze aus gesehen, diejenige Drehung dem Uhrzeiger entgegengesetzt erscheint, die auf kürzestem Wege den im Produkte an erster Stelle stehenden Vektor in die Richtung des an zweiter Stelle stehenden Vektors überführt, wofern man beide Vektoren von demselben Punkte aus zieht (Fig. 3). Man bezeichnet das Vektorprodukt zweier Vektoren $\mathfrak{A}$ und $\mathfrak{B}$ durch das Symbol $[\mathfrak{A}\mathfrak{B}]$. In der Tat ist das Vektorprodukt eigentlich nicht eine gerichtete Strecke, sondern eine gerichtete Plangröße; aber es erweist sich für alle vektoriellen Operationen als zweckmäßig, statt mit gerichteten Plangrößen mit den sie „ergänzenden Hilfsvektoren" zu rechnen, die eben in der angegebenen Weise senkrecht auf den gerichteten Plangrößen errichtet werden.

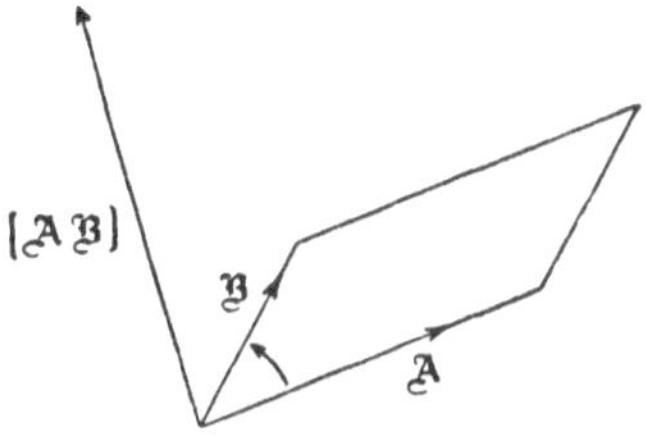

Fig. 3

Aus der Definition des Vektorproduktes ergibt sich für seinen Betrag der Wert $AB \sin(\mathfrak{A}, \mathfrak{B})$. Weiter folgt aus der Definition, daß sich der Richtungssinn des Vektorproduktes ändert, wenn die Reihenfolge der beiden Vektoren im Produkt geändert wird; es ist

$$[\mathfrak{A}\mathfrak{B}] = -[\mathfrak{B}\mathfrak{A}]. \tag{7}$$

Aus der Definition des Vektorproduktes folgt, daß es in zwei Fällen eine einfache Gestalt annimmt; nämlich dann, wenn die Vektoren zueinander senkrecht oder wenn sie parallel sind. Im ersten Falle ist der Betrag des Vektorproduktes gleich dem Produkte der einzelnen Beträge; für den zweiten Fall aber finden wir:

$$[\mathfrak{A}\mathfrak{B}] = 0, \quad \text{wenn} \quad \mathfrak{A} \parallel \mathfrak{B}. \tag{8}$$

Umgekehrt kann aus dem Umstande, daß das Vektorprodukt zweier Vektoren verschwindet, immer geschlossen werden, daß diese beiden Vektoren die gleiche Richtung haben.

Für die drei Komponenten des äußeren Vektorproduktes ergeben die Berechnungen die wichtigen Beziehungen:

$$\left\{\begin{aligned} [\mathfrak{A}\mathfrak{B}]_x &= A_y B_z - A_z B_y \\ [\mathfrak{A}\mathfrak{B}]_y &= A_z B_x - A_x B_z \\ [\mathfrak{A}\mathfrak{B}]_z &= A_x B_y - A_y B_x. \end{aligned}\right. \tag{9}$$

Die Differentiation eines Vektors nach einer skalaren Veränderlichen, vor allem nach der Zeit, läßt sich stets auf die vektorielle Subtraktion zurückführen. Es läßt sich zeigen, daß der zeitliche Differentialquotient eines Vektors $\mathfrak{A}$ stets in zwei Komponenten zerlegt werden kann. Die eine Komponente hat die Richtung des Vektors und den Betrag dA/dt, die andere Komponente ist dazu senkrecht und hat den Betrag $A\,d\varphi/dt$, wobei $d\varphi$ der Winkel ist, um den sich in dem Zeitelement dt der Vektor $\mathfrak{A}$ dreht. Beide Komponenten liegen in der als Ebene aufzufassenden Fläche, die in dem Zeitelement von dem Vektor durchstrichen wird.

§ 3. Die Bewegungsgleichungen des Massenpunktes

Nach dem zweiten NEWTONschen Bewegungsgesetz ist für jeden Körper der Kraftvektor stets proportional der zeitlichen Änderung des Geschwindigkeitsvektors, wobei der Proportionalitätsfaktor als eine für den Körper charakteristische Konstante erscheint, die seine Masse genannt wird. Bezeichnen wir die Vektoren der Kraft und der Geschwindigkeit mit $\mathfrak{K}$ und $\mathfrak{v}$ und Masse und Zeit mit m und t, so findet somit das zweite NEWTONsche Bewegungsgesetz seinen vektoriellen Ausdruck in der Gleichung

$$\mathfrak{K} = m\frac{d\mathfrak{v}}{dt}. \tag{1}$$

Der selbst einen Vektor darstellende zeitliche Differentialquotient von $\mathfrak{v}$ wird als Beschleunigung bezeichnet. Für die folgenden Betrachtungen soll die vereinfachende Annahme gemacht werden, daß sich der Körper so bewege, wie wenn seine ganze Masse in einem einzigen Punkte konzentriert wäre, wie wenn es sich also um einen sogenannten Massenpunkt handeln würde.

Bezeichnen wir die Komponenten der Kraft mit X, Y, Z, so ergeben sich in analytischer Darstellung die Bewegungsgleichungen des Massenpunktes in der Form

$$X = m\frac{dv_x}{dt}, \qquad Y = m\frac{dv_y}{dt}, \qquad Z = m\frac{dv_z}{dt}. \tag{2}$$

Andererseits sind, wenn wir die Koordinaten mit x, y, z bezeichnen, die Komponenten des Geschwindigkeitsvektors dx/dt, dy/dt, dz/dt, und daher können die Bewegungsgleichungen auch in der Form geschrieben werden:

$$X = m\frac{d^2x}{dt^2}, \qquad Y = m\frac{d^2y}{dt^2}, \qquad Z = m\frac{d^2z}{dt^2}. \tag{3}$$

Da die Beschleunigung der zeitliche Differentialquotient des Geschwindigkeitsvektors ist, so können wir nach dem am Ende des § 2 Gesagten die Beschleunigung in zwei zueinander senkrechte Komponenten zerlegen, deren eine in der Richtung der Geschwindigkeit liegt und als die Tangentialbeschleunigung bezeichnet wird, während die dazu senkrechte Komponente die Normalbeschleunigung genannt wird. Für die beiden Komponenten, die b_t und b_n genannt werden mögen, gelten nach dem am Ende des § 2 Gesagten die Beziehungen

(4) $$b_t = \frac{dv}{dt}, \qquad b_n = v\,\frac{d\varphi}{dt},$$

wenn $d\varphi$ der Winkel ist, um den sich der Geschwindigkeitsvektor in dem Zeitelement dt dreht.

Ist nun AB ($= ds$) das Wegelement, das in dem Zeitelement dt zurückgelegt wird, so ist $d\varphi$ gleich dem Winkel, den die in den Punkten A und B an die Bahnkurve gelegten Tangenten miteinander bilden. Für diesen Winkel gilt nach der Differentialgeometrie die Beziehung

(5) $$ds = \varrho\, d\varphi,$$

wobei ϱ der Krümmungsradius für das betreffende Kurvenstück ist. Dividieren wir die Gl. 5 noch durch dt, so finden wir v gleich $\varrho\, d\varphi/dt$ und somit

(6) $$b_n = \frac{v^2}{\varrho}.$$

Für eine kreisförmige Bewegung wird ϱ einfach gleich dem Kreisradius. Die Normalkomponente der Beschleunigung wird dann einfach als Zentripetalbeschleunigung bezeichnet.

Das Produkt aus der Masse und dem Geschwindigkeitsvektor

(7) $$\mathfrak{G} = m\,\mathfrak{v}$$

stellt die Bewegungsgröße oder den Impuls dar. Es ist somit

(8) $$\mathfrak{K} = \frac{d\mathfrak{G}}{dt}.$$

Das Produkt $\mathfrak{K}\,dt$ wird der in dem Zeitelement dt erfolgende Antrieb genannt. Die Gl. 8 kann auch in der Form ausgesprochen werden, daß die Vermehrung der Bewegungsgröße dem Antrieb gleich ist.

Zu dem zweiten NEWTONschen Bewegungsgesetz kommt als ein wichtiger Zusatz das Prinzip hinzu, daß sich die Wirkungen mehrerer, gleichzeitig an einem Massenpunkt angreifender Kräfte einfach superponieren. Ein Massenpunkt, an dem gleichzeitig mehrere Kräfte angreifen, bewegt sich so, als ob an ihm nur eine einzige Kraft angreifen würde, die der vektoriellen Summe aus den angreifenden Kräften gleich ist. Man bezeichnet diese Kraft als die Resultierende, und da sie sich nach der Definition der vektoriellen Addition durch Konstruktion eines Parallelogramms ergibt, so bezeichnet man das Superpositionsprinzip der Kraftwirkung auch als das Prinzip des Kräfteparallelogramms.

§ 4. Wurf und Pendelbewegung

Die Bewegung eines Körpers im Schwerefeld der Erde wird durch die Differentialgleichung beschrieben

$$\frac{d\mathfrak{v}}{dt} = \mathfrak{g}\,, \tag{1}$$

wobei $\mathfrak{g}$ die Beschleunigung der Erdschwere darstellt, also einen Vektor, der die Richtung der abwärts gerichteten Vertikalen und einen Betrag von etwa 981 cm $\sec^{-2}$ hat.

Durch Integration der Gl. 1 ergibt sich die Beziehung

$$\mathfrak{v} = \mathfrak{g}\,t + \mathfrak{u}\,, \tag{2}$$

wobei die vektorielle Integrationskonstante $\mathfrak{u}$ den Wert darstellt, den zur Zeit $t = 0$ die Geschwindigkeit hat. Eine Bewegung, die im Schwerefeld der Erde mit einer von null verschiedenen Anfangsgeschwindigkeit erfolgt, wird nun als eine Wurfbewegung bezeichnet. Der Vektor $\mathfrak{u}$ bestimmt die Wurfrichtung und durch seinen Betrag die Wurfgeschwindigkeit. Der Winkel, den die Wurfrichtung mit der Horizontalen einschließt, wird der Elevationswinkel genannt.

Aus der Gl. 2 folgt zunächst, daß der geworfene Körper die Ebene nicht verläßt, die durch die Vektoren $\mathfrak{u}$ und $\mathfrak{g}$ bestimmt ist, also diejenige Vertikalebene, die die Wurfrichtung enthält. In dieser Vertikalebene werde ein Koordinatensystem gelegt mit einer horizontalen x-Achse und einer vertikal nach aufwärts gehenden z-Achse. Wird der Elevationswinkel mit α bezeichnet, so ist

$$u_x = u\cos\alpha\,, \qquad u_z = u\sin\alpha\,. \tag{3}$$

Da der Vektor $\mathfrak{g}$ die Richtung der negativen z-Achse hat, so nimmt in analytischer Schreibweise die Gl. 2 die Form an:

$$\frac{dx}{dt} = u\cos\alpha\,, \qquad \frac{dz}{dt} = -g\,t + u\sin\alpha\,. \tag{4}$$

Hieraus folgt durch Integration

$$x = u\,t\cos\alpha\,, \qquad z = -\frac{g t^2}{2} + u\,t\sin\alpha\,. \tag{5}$$

Denn die noch hinzukommenden Integrationskonstanten verschwinden, wenn das Koordinatensystem so gelegt wurde, daß für $t = 0$ auch x und z null werden.

Indem wir aus den Gl. 5 die Zeit eliminieren, erhalten wir die Gleichung:

$$z = -\frac{g}{2}\,\frac{x^2}{u^2\cos^2\alpha} + x\operatorname{tg}\alpha\,. \tag{6}$$

Diese Beziehung ist die Gleichung der Wurfbahn; sie stellt eine Parabel dar, deren Achse, weil eben z nur in der ersten Potenz auftritt, der z-Achse parallel, also vertikal sein muß. Die Parabel schneidet die x-Achse außer in dem Koordinatenursprung noch in einem zweiten Punkt, dessen Entfernung von dem Ursprung ($O\,A$ in Fig. 4) als die Wurfweite bezeichnet wird. Die Wurfweite, die a genannt werde, ergibt sich aus der Gl. 6, indem man in dieser $z = 0$ setzt; es ist demnach[1]

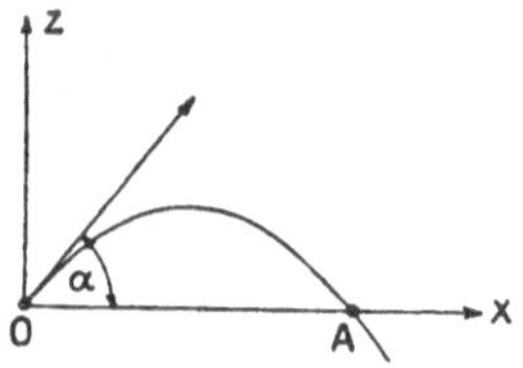

Fig. 4

$$a = \frac{2\,u^2\operatorname{tg}\alpha\cos^2\alpha}{g} = \frac{u^2}{g}\sin(2\,\alpha)\,. \tag{7}$$

Die z-Koordinate des Scheitels der Wurfbahn wird als die Steighöhe, die Zeit, die vom Beginn der Wurfbewegung bis zur Erreichung der Steighöhe vergeht, wird als die Steigdauer bezeichnet. Die Steigdauer läßt sich dadurch ermitteln, daß in dem Scheitel der Bahn die Vertikalgeschwindigkeit, also dz/dt verschwinden muß. Nennen wir die Steigdauer t', so folgt aus Gl. 4

$$t' = \frac{u}{g}\sin\alpha\,. \tag{8}$$

Setzen wir diesen Wert in die zweite der Gl. 5 ein, so ergibt sich für die Steighöhe, die z' genannt werde, der Wert

$$z' = -\frac{u^2\sin^2\alpha}{2\,g} + \frac{u^2\sin^2\alpha}{g} = \frac{u^2\sin^2\alpha}{2\,g} = \frac{g\,t'^2}{2}\,. \tag{9}$$

[1] Es wird die bekannte Formel benutzt, derzufolge $\sin(2\,\alpha)$ gleich ist $2\sin\alpha\cos\alpha$.

Aus der Gl. 7 läßt sich der Elevationswinkel bestimmen, unter dem ein Körper mit einer ihrem Betrage nach gegebenen Wurfgeschwindigkeit geworfen werden muß, um ein in der horizontalen Entfernung a gelegenes Ziel zu erreichen. Es muß nämlich die Beziehung gelten

$$\sin(2\alpha) = \frac{a\,g}{u^2}. \tag{10}$$

Ist a größer als u^2/g, so wird $\sin(2\alpha)$ größer als eins, und eine reelle Lösung ist dann nicht möglich. Das Ziel liegt dann zu weit, als daß es überhaupt mit der gegebenen Geschwindigkeit erreicht werden könnte. Ist hingegen a kleiner als u^2/g, so wird $\sin(2\alpha)$ kleiner als eins. Nun haben aber zwei einander zu 180^0 ergänzende Winkel denselben Sinus; ist somit α eine Lösung, so muß es ein Winkel von $90^0 - \alpha$ auch sein.

Das Ziel kann also mit der gegebenen Wurfgeschwindigkeit mittels zweier verschiedener, zueinander komplementärer Elevationswinkel erreicht werden, mittels einer steileren und einer flacheren Parabel. Ist im besonderen a gleich u^2/g, so fallen die beiden Parabeln zusammen; für den Elevationswinkel gibt es dann nur einen Wert, nämlich 45^0. Andererseits folgt aber auch aus der Gl. 7, daß bei diesem Elevationswinkel die größte Wurfweite erreicht wird.

Ebenso wie die Wurfbewegung ist auch die Pendelbewegung schon früh Gegenstand exakter Untersuchungen geworden. Der einfachste Fall eines Pendels wird durch einen als Massenpunkt aufgefaßten schweren Körper dargestellt, der an einem masselos gedachten Faden aufgehängt ist. Für kleine Elongationen aus der Ruhelage kann die Geschwindigkeit gleichgesetzt werden

$$v = l\,\frac{d\varphi}{dt}, \tag{11}$$

wenn l die Länge des Pendels und φ den Elongationswinkel bedeutet. Die Berechnungen auf Grund der Bewegungsgleichungen zeigen, daß für kleine Elongationen φ eine Sinusfunktion der Zeit ist. Für die Schwingungsperiode τ ergibt sich die Beziehung

$$\tau = 2\pi\sqrt{\frac{l}{g}}. \tag{12}$$

Wie schon GALILEI fand, ist somit die Schwingungsdauer der Quadratwurzel aus der Pendellänge proportional. Hingegen ist sie unabhängig von der Masse und, wofern nur

Schwingungen von kleiner Elongation betrachtet werden, auch von der Amplitude. Pendel von ganz beliebigem Gewicht schwingen bei gleicher Länge „*isochron*".

§ 5. Statisches Moment und Drehimpuls

Zu drei für die Mechanik sehr wichtigen Begriffen gelangt man, wenn man den von dem Ursprung aus gezogenen Radiusvektor $\mathfrak{r}$ mit der Kraft oder der Geschwindigkeit oder dem Impuls vektoriell multipliziert. Man definiert das Vektorprodukt

$$[\mathfrak{r}\mathfrak{K}] = \mathfrak{M} \tag{1}$$

als das *statische Moment der Kraft*. Das Vektorprodukt

$$[\mathfrak{r}\,\mathfrak{v}] = \mathfrak{f} \tag{2}$$

wird die *Flächengeschwindigkeit* genannt[1] und das Vektorprodukt

$$[\mathfrak{r}\mathfrak{G}] = \mathfrak{U} \tag{3}$$

als der *Drehimpuls* bezeichnet. Alle diese drei Größen sind dabei stets auf den Punkt bezogen, von dem aus der Radiusvektor $\mathfrak{r}$ gezogen wird.

Multiplizieren wir die das zweite NEWTONsche Bewegungsgesetz ausdrückende Gl. 1 des § 3 vektoriell mit $\mathfrak{r}$, so erhalten wir nun sogleich die Beziehung

$$\mathfrak{M} = m\left[\mathfrak{r}\,\frac{d\mathfrak{v}}{dt}\right]. \tag{4}$$

Wir benutzen die mathematische Identität

$$\left[\mathfrak{r}\,\frac{d\mathfrak{v}}{dt}\right] = \frac{d}{dt}[\mathfrak{r}\,\mathfrak{v}] - \left[\frac{d\mathfrak{r}}{dt}\,\mathfrak{v}\right]. \tag{5}$$

Nun ist der Vektor $d\mathfrak{r}/dt$ identisch mit dem durch dt dividierten vektoriellen Unterschied von $\mathfrak{r}_2$ und $\mathfrak{r}_1$, wenn $\mathfrak{r}_1$ und $\mathfrak{r}_2$ die Radienvektoren zu Beginn und am Ende des Zeitelementes dt sind.

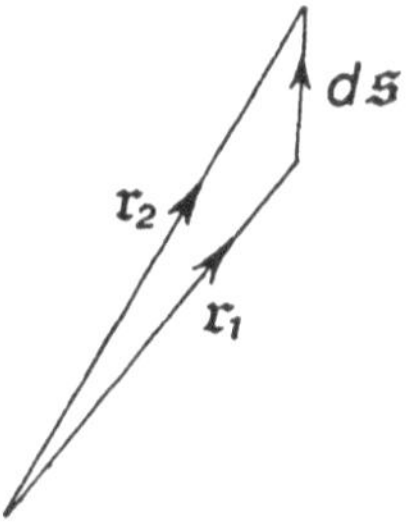

Fig. 5

Der vektorielle Unterschied ist aber gleich dem in der Zeit dt zurückgelegten Wegelement $d\mathfrak{s}$ (Fig. 5), und dieses ergibt bei Division durch dt den Geschwindigkeitsvektor $\mathfrak{v}$. Das letzte Vektorprodukt in Gl. 5 bedeutet also dasselbe wie $[\mathfrak{v}\,\mathfrak{v}]$, und

[1] Es ist Sache der Definition, ob man unter der Flächengeschwindigkeit das ganze oder halbe Vektorprodukt aus $\mathfrak{r}$ und $\mathfrak{v}$ versteht.

dies muß nach Gl. 8 des § 2 verschwinden. Wir finden also aus den Gl. 4 und 5

$$(6) \qquad \mathfrak{M} = m \frac{d}{dt}[\mathfrak{r}\,\mathfrak{v}] = m \frac{d\mathfrak{f}}{dt} = \frac{d\mathfrak{U}}{dt}.$$

Das statische Moment ist der zeitliche Differentialquotient des Drehimpulses; es steht zu dem Drehimpuls in derselben Beziehung wie nach Gl. 8 des § 3 die Kraft zu der Bewegungsgröße.

Das statische Moment verschwindet, wenn die Vektoren $\mathfrak{r}$ und $\mathfrak{K}$ gleich gerichtet sind, also dann, wenn die Kraft ständig zu dem Punkte gerichtet ist, von dem aus der Radiusvektor gezogen wird. Ist dies der Fall, so ist daher der Vektor der Flächengeschwindigkeit nach Betrag und Richtung konstant. Es ergibt sich somit der wichtige, bereits von NEWTON aufgestellte Satz, daß die Bewegung eines Körpers, auf den eine stets nach demselben Punkt gerichtete Kraft wirkt, in einer und derselben Ebene beharrt und ihre Flächengeschwindigkeit in bezug auf jenen Punkt nicht ändert. Umgekehrt kann natürlich, wenn die auf einen bestimmten Punkt bezogene Flächengeschwindigkeit nach Betrag und Richtung konstant ist, daraus nach Gl. 1 und 6 stets geschlossen werden, daß $\mathfrak{M}$ verschwindet und somit die Kraft nach diesem Punkte gerichtet ist.

Für die außerordentliche Fruchtbarkeit seiner mechanischen Prinzipe hat bereits NEWTON selbst das großartigste Beispiel gegeben, indem er mit ihrer Hilfe aus den KEPLERschen Gesetzen, die den Verlauf der Planetenbewegungen beschreiben, das Gesetz der universellen Gravitation erschloß. Bekanntlich lehrt das erste KEPLERsche Gesetz, daß der von der Sonne zu einem Planeten gezogene Radiusvektor in gleichen Zeiten stets gleiche Flächen durchstreicht. Es folgt somit aus diesem Gesetz, daß die Beschleunigung, die ein Planet in seiner Bahn erfährt, stets zu der Sonne gerichtet sein muß. Verbindet man diese Erkenntnis mit dem zweiten KEPLERschen Gesetz, wonach die Planetenbahnen Ellipsen sind, in deren einem Brennpunkt sich die Sonne befindet, und mit dem dritten KEPLERschen Gesetz, wonach die Quadrate der Umlaufszeiten der verschiedenen Planeten sich wie die dritten Potenzen der großen Achsen der einzelnen Planetenbahnen verhalten, so führen die Berechnungen auf rein mathematischem Wege zu der Erkenntnis, daß die zu der Sonne gerichtete Beschleunigung von allen individuellen Eigenschaften des Planeten unabhängig, vielmehr nur eine Funktion der Entfernung von der Sonne darstellt und dem Quadrate dieser Entfernung umgekehrt proportional ist.

Hieraus folgt durch entsprechende Verallgemeinerung das NEWTONsche Gravitationsgesetz, demzufolge die Kraft zwischen zwei Körpern von den Massen m_1 und m_2 in der Entfernung r gleich ist

$$K = \frac{f\, m_1\, m_2}{r^2}\,; \tag{7}$$

dabei stellt $f = 6{,}68 \cdot 10^{-8}\,\mathrm{g}^{-1}\mathrm{cm}^3\mathrm{sec}^{-2}$ die Gravitationskonstante dar.

§ 6. Potential und Energie

Unter einem Felde versteht man ein Gebiet, innerhalb dessen jedem Punkte ein bestimmter, von Stelle zu Stelle im allgemeinen stetig veränderlicher Wert einer Größe zugeordnet werden kann. Ist die Größe ein Skalar, so spricht man von einem skalaren Feld; ist sie ein Vektor, so spricht man von einem Vektorfeld.

Fassen wir in einem skalaren Feld einen beliebigen Punkt P ins Auge, so können wir eine durch den Punkt gehende Fläche konstruieren, die den geometrischen Ort solcher Punkte darstellt, in denen der Skalar S denselben Wert hat wie im Punkte P. Diese Fläche wird als die durch den Punkt P gehende Niveaufläche bezeichnet. Durch den Punkt P können wir dann eine Gerade legen, die auf der Niveaufläche senkrecht steht und in dieser Geraden einen Vektor konstruieren, dessen Betrag gleich ist der auf die Längeneinheit bezogenen Zunahme des Skalars in dieser Richtung. Dem Vektor geben wir dabei den Sinn der Richtung, in der der Wert des Skalars zunimmt. Durch diese Festsetzung läßt sich jedem Punkte des skalaren Feldes ein Vektor zuordnen, der als der Gradient des skalaren Feldes an der betreffenden Stelle bezeichnet wird; für ihn wird das Symbol grad S gebraucht.

Wie sich leicht vektoranalytisch zeigen läßt, sind die Komponenten des Gradienten eines Skalars nichts anderes als seine partiellen Ableitungen nach den Koordinaten; es ist

$$\mathrm{grad}_x\, S = \frac{\partial S}{\partial x}\,, \quad \mathrm{grad}_y\, S = \frac{\partial S}{\partial y}\,, \quad \mathrm{grad}_z\, S = \frac{\partial S}{\partial z}\,. \tag{1}$$

Betrachten wir nun ganz allgemein das Feld eines beliebigen Vektors $\mathfrak{A}$ und denken wir uns in dem Felde irgendeine Kurve konstruiert, die von einem Punkte P_1 zu einem zweiten Punkte P_2 führe, so bezeichnen wir das über die Kurve erstreckte Integral des inneren Produktes aus dem örtlich veränderlichen Vektor und dem Kurvenelement als das Linienintegral des Vektors längs der Kurve. Es ist also dargestellt durch den Ausdruck:

$$\int_{P_1}^{P_2} \mathfrak{A}\, d\mathfrak{s} = \int_{P_1}^{P_2} (A_x\, dx + A_y\, dy + A_z\, dz) \tag{2}$$

(vgl. Gl. 6 des § 2). Ist nun im besonderen der beliebige Vektor $\mathfrak{A}$ der Gradient eines Skalars, so wird nach den Gl. 1

$$\int_{P_1}^{P_2} \operatorname{grad} S \cdot d\mathfrak{s} = \int_{P_1}^{P_2} \left(\frac{\partial S}{\partial x}\, dx + \frac{\partial S}{\partial y}\, dy + \frac{\partial S}{\partial z}\, dz\right) \cdot \tag{3}$$

Ist aber, wie wir annehmen, der Wert des Skalars in einem Punkte vollkommen durch die Lage des Punktes, also durch dessen Koordinaten bestimmt, so wird einfach

$$\frac{\partial S}{\partial x}\, dx + \frac{\partial S}{\partial y}\, dy + \frac{\partial S}{\partial z}\, dz = dS\,. \tag{4}$$

Bezeichnen wir also die Werte, die der Skalar S in den Punkten P_1 und P_2 hat, mit S_1 und S_2, so wird

$$\int_{P_1}^{P_2} \operatorname{grad} S \cdot d\mathfrak{s} = S_2 - S_1\,. \tag{5}$$

Der Wert des Linienintegrals des Gradienten hängt also einzig und allein von dem Niveauunterschied der beiden Punkte ab, zwischen denen die Kurve gezogen ist, über die das Integral erstreckt wird; von der Gestalt und von der Länge dieser Kurve ist hingegen das Linienintegral des Gradienten völlig unabhängig.

Ist nun ein Vektor als Gradient eines Skalars darstellbar, so nennt man diesen mit entgegengesetztem Vorzeichen genommenen Skalar das Potential des Vektors. Andererseits wird das Linienintegral der mechanischen Kraft längs einer Kurve als die Arbeit bezeichnet, die die Kraft auf diesem Wege verrichtet. (Dabei wird je nachdem, ob die Arbeit positiv oder negativ ist, von geleisteter oder von verbrauchter Arbeit gesprochen.) Hat nun die Kraft ein Potential, das dann als mechanisches

Potential bezeichnet wird und für das das Symbol V gebraucht werde, so ist nach Gl. 5

$$\int \mathfrak{K}\, d\mathfrak{s} = V_1 - V_2 , \tag{6}$$

und andererseits hängen die Kraftkomponenten mit dem mechanischen Potential durch die Beziehungen zusammen:

$$X = -\frac{\partial V}{\partial x}, \quad Y = -\frac{\partial V}{\partial y}, \quad Z = -\frac{\partial V}{\partial z}. \tag{7}$$

Hat die Kraft ein Potential, so ist die Arbeit ganz unabhängig von der Form und Länge des Weges, vielmehr völlig bestimmt durch den Potentialunterschied zwischen Anfang und Ende der Bahn. Auf Grund der Gl. 1 kann deduziert werden, daß eine Kraft immer dann ein Potential besitzt, wenn sie nach einem festen Punkte gerichtet ist und ihr Betrag nur von der Entfernung von diesem Punkte abhängt.

Ersetzen wir $d\mathfrak{s}$ durch den gleichwertigen Ausdruck $\mathfrak{v}\, dt$, und ferner nach Gl. 1 des § 3 $\mathfrak{K}$ durch $m\, d\mathfrak{v}/dt$, so finden wir

$$\mathfrak{K}\, d\mathfrak{s} = m\, \mathfrak{v} \frac{d\mathfrak{v}}{dt} dt = m\, d\left(\frac{v^2}{2}\right). \tag{8}$$

Man bezeichnet nun das halbe Produkt aus Masse und Geschwindigkeitsquadrat als die lebendige Kraft des bewegten Massenpunktes. Nennen wir sie L, so wird also $\mathfrak{K}\, d\mathfrak{s}$ gleich dL, und aus Gl. 6 folgt somit

$$L + V = \text{const.} \tag{9}$$

Falls ein Potential vorhanden ist, bleibt also während der Bewegung die Summe aus der lebendigen Kraft und dem Werte des Potentials, das dem jeweiligen Aufenthaltsorte des Massenpunktes zukommt, ungeändert. Die Summe aus der lebendigen Kraft und dem mechanischen Potential stellt demnach eine von Ort und Zeit unabhängige Konstante dar, die die mechanische Energie des bewegten Massenpunktes genannt wird. Die lebendige Kraft wird darum auch als kinetische Energie und das Potential als potentielle Energie bezeichnet.

§ 7. Die Relativbewegung

In bezug auf ein selbst rotierendes Koordinatensystem ist im allgemeinen der zeitliche Differentialquotient eines Vektors $\mathfrak{A}$ (mit $d^*\mathfrak{A}/dt$ bezeichnet) von dem Differentialquotienten $d\mathfrak{A}/dt$

verschieden, der auf ein „ruhendes“ Koordinatensystem bezogen wird. Konstruieren wir einen Vektor $\mathfrak{w}$, dessen Betrag gleich der Winkelgeschwindigkeit[1] der Rotation ist, dessen Richtung in die Rotationsachse fällt, und der einen solchen Richtungssinn hat, daß, von seiner Spitze gesehen, die Rotation dem Uhrzeiger entgegengesetzt erscheint, so ergeben die vektoranalytischen Rechnungen für den Zusammenhang der beiden Differentialquotienten die Beziehung:

$$(1) \qquad \frac{d\mathfrak{A}}{dt} = \frac{d^*\mathfrak{A}}{dt} + [\mathfrak{w}\,\mathfrak{A}] .$$

Unter Benutzung dieser Beziehung läßt es sich zeigen, daß man nur dann im Sinne des zweiten NEWTONschen Bewegungsgesetzes das Produkt aus der Masse und der auf das rotierende Koordinatensystem bezogenen „Relativbeschleunigung“ der angreifenden Kraft gleich setzen kann, wenn man sich zu dieser noch zwei Zusatzkräfte hinzugefügt denkt, nämlich die Zentrifugalkraft und überdies die sogenannte CORIOLIS-Kraft; letztere ist durch den Ausdruck gegeben

$$(2) \qquad \mathfrak{K}' = 2\,m\,[\mathfrak{v}_r\,\mathfrak{w}] ,$$

wobei $\mathfrak{v}_r$ die Relativgeschwindigkeit des bewegten Körpers in bezug auf das rotierende Koordinatensystem bedeutet.

Auf der rotierenden Erde ruft die CORIOLIS-Kraft, wie die nähere Betrachtung zeigt, bei dem freien Fall eine östliche Ablenkung hervor, bei einer Horizontalbewegung eine Abweichung nach rechts auf der nördlichen und eine nach links auf der südlichen Erdhälfte. Die CORIOLIS-Kraft erklärt es auch, daß ein auf der Erdoberfläche schwingendes Pendel eine tägliche Drehung der Schwingungsebene um einen Winkel erfährt, der gleich ist 360° mal dem Sinus der geographischen Breite (FOUCAULTscher Pendelversuch).

§ 8. Die Erhaltung des Massenmittelpunktes, des Drehimpulses und der Energie

Nach dem dritten NEWTONschen Bewegungsgesetz, dem sogenannten Prinzip der Gleichheit von Aktion und Reaktion, muß die Kraft, die innerhalb eines Systems von Massen-

[1] Die Winkelgeschwindigkeit ist bestimmt durch den in der Zeiteinheit, also in der Sekunde, zurückgelegten, im Bogenmaß gemessenen Winkel. Im Bogenmaß kommt einem vollen Winkel von 360° die Zahl 2π zu, einem Winkel von 90° die Zahl $\pi/2$ usw.

punkten von einem Massenpunkt auf einen anderen ausgeübt wird, derjenigen Kraft entgegengesetzt gleich sein, die von dem zweiten auf den ersten Massenpunkt ausgeübt wird. Kombiniert man dieses Prinzip mit den allgemeinen Bewegungsgleichungen eines Massenpunktes, so findet man, daß die gesamte Bewegungsgröße eines Systems, auf das keine äußeren Kräfte wirken, ungeändert bleiben muß.

Man definiert nun den Massenmittelpunkt eines Systems durch die Forderung, daß seine x-Koordinate gleich sei

$$\xi = \frac{\sum m_h x_h}{\sum m_h} \tag{1}$$

(wobei x_h die Koordinate und m_h die Masse des Massenpunktes mit der Nummer h seien und die Summierung über sämtliche Massenpunkte des Systems durchgeführt wird und analoge Formeln für die beiden anderen Koordinaten gelten). Dann kann man auch sagen, daß der Massenmittelpunkt eines Systems, auf das nur innere Kräfte wirken, ruhen oder in geradliniger, gleichförmiger Bewegung fortschreiten muß. Wenn hingegen auf das System äußere Kraft wirken, so verhält es sich so, als ob seine ganze Masse in dem Massenmittelpunkt vereinigt wäre und an dieser, nun in dem Mittelpunkt konzentrierten Masse alle die äußeren Kräfte, die tatsächlich auf die einzelnen Massenpunkte ausgeübt werden, in gleicher Stärke und in gleicher Richtung angreifen würden. Da dies auch für die an den einzelnen Punkten eines festen Körpers angreifenden, untereinander parallelen Schwerkräfte gilt, kann man sich das Gewicht eines Körpers in seinem Massenmittelpunkt angreifend denken, weshalb dieser auch als Schwerpunkt bezeichnet wird.

Wenn im besonderen die zwischen den einzelnen Massenpunkten eines Systems wirkenden inneren Kräfte in die Verbindungslinien der Massenpunkte fallen, wenn sie sogenannte Zentralkräfte sind, so läßt sich als ein weiterer Satz der der Erhaltung des gesamten Drehimpulses ableiten; nach diesem Satz bleibt unter der angegebenen Voraussetzung die vektorielle Summe der auf einen bestimmten Punkt bezogenen Drehimpulse der einzelnen Massenpunkte nach Größe und Richtung konstant[1]. Der Dreh-

[1] Der Satz gilt übrigens auch dann, wenn äußere Kräfte wirken, woferne sie nach demjenigen Punkte gerichtet sind, auf den die Momente bezogen werden. Das Prinzip von der Erhaltung des gesamten Drehimpulses wird auch als Satz von der Erhaltung der Flächen- oder Rotationsmomente bezeichnet.

impuls wird üblicherweise auf den Schwerpunkt bezogen, doch hat er, woferne der Schwerpunkt ruht, für jeden beliebigen Bezugspunkt denselben Wert. Eine durch den Schwerpunkt senkrecht zu dem Vektor des gesamten Drehimpulses gelegte Ebene behält ihre Lage unverändert bei; auch in dem Sonnensystem gibt es daher eine derartige invariable Ebene.

Wenn die inneren Kräfte Zentralkräfte und nur Funktionen der wechselseitigen Entfernung sind, so existiert eine als inneres Potential des Systems bezeichnete Funktion der Koordinaten, die derart beschaffen ist, daß ihre negativen partiellen Ableitungen nach den Koordinaten eines Massenpunktes die Komponenten der gesamten, an dem betreffenden Massenpunkt angreifenden inneren Kraft ergeben. Wenn z. B. die inneren Kräfte das NEWTONsche Gravitationsgesetz befolgen, so wird das innere Potential

$$V' = -\frac{1}{2}\sum\sum\frac{f\,m_h\,m_k}{r_{hk}}, \tag{2}$$

wobei f die Gravitationskonstante und r_{hk} der Abstand zwischen dem h-ten und k-ten Massenpunkte ist.

Bei dem Vorhandensein eines Potentials gilt genau so wie bei einem einzelnen Massenpunkt die Beziehung, daß die Summe aus der lebendigen Kraft und dem Potential eine von Ort und Zeit unabhängige, während der ganzen Bewegung unveränderliche Größe darstellt, die man die mechanische Energie des Systems nennt.

Da der Wert des inneren Potentials nur von der gegenseitigen Entfernung der einzelnen Massenpunkte des Systems (nämlich nur von den Werten von r_{hk}) abhängt, so folgt aus der Konstanz der mechanischen Energie, daß die lebendige Kraft eines Systems, das keinen äußeren Kräften unterliegt und in dessen Innerem nur Zentralkräfte wirken, immer wieder denselben Wert annehmen muß, wenn das System in die gleiche Konstellation zurückkehrt. Das System bewahrt also für eine bestimmte Konstellation einen bestimmten Wert der lebendigen Kraft, und infolge dieser Tatsache, die von LEIBNIZ entdeckt und von ihm als „conservatio virium vivarum" bezeichnet wurde, nennt man ein solches System auch ein konservatives System. Allgemein nennt man dann Kräfte, die ein Potential besitzen, konservative Kräfte.

Mittels der Sätze von der Erhaltung des Massenmittelpunktes, des Drehimpulses und der Energie läßt sich die Bewegung eines Systems von n Massen nur dann völlig bestimmen, wenn $n = 2$

ist, also das sogenannte Zweikörperproblem vorliegt. Hingegen ist bereits bei dem Dreikörperproblem (z. B. Sonne, Erde und Mond) eine exakte Lösung unmöglich, so daß man sich mit Näherungsmethoden begnügen muß.

§ 9. Das Prinzip der virtuellen Verrückungen

Eine freie Bewegung ist dadurch charakterisiert, daß für jeden Massenpunkt, ob er nun einzeln oder Bestandteil eines Systems ist, die Beziehung erfüllt ist

(1) $$\mathfrak{K} = m\,\mathfrak{b}\,,$$

wenn unter $\mathfrak{K}$ die Resultierende aus allen an dem Massenpunkt angreifenden Kräften und unter $\mathfrak{b}$ seine tatsächliche Beschleunigung verstanden wird.

Diese Beziehung ist im allgemeinen nicht erfüllt, wenn die Bewegung des Massenpunktes an bestimmte Bedingungen geknüpft, wenn sie, wie man sagt, unfrei ist. Die Bedingungen, die die Bewegungsfreiheit einschränken, können entweder darin bestehen, daß ein einzelner Massenpunkt eine bestimmte Fläche oder eine bestimmte Kurve nicht verlassen kann, so daß sich also der Massenpunkt in einer vollkommen oder teilweise vorgeschriebenen Bahn bewegen muß, oder aber darin, daß ein Massenpunkt mit einem anderen verbunden ist.

Das einfachste Problem der Theorie der unfreien Bewegung ist naturgemäß die Frage, wann ein Massenpunkt, dessen Bewegungsfreiheit durch gewisse Bedingungen beschränkt ist, trotz der Einwirkung einer Kraft im Zustande der Ruhe beharrt, sich also, wie man sagt, im Gleichgewicht befindet. Zur Beantwortung dieser Frage setzen wir den Fall, es bestünde kein Gleichgewicht; dann müßte natürlich die Kraft imstande sein, den Massenpunkt aus der gegebenen Lage in eine bestimmte unendlich nahe und mit den gegebenen Bedingungen ebenfalls verträgliche Nachbarlage überzuführen. Da aber bei einer derartigen „virtuellen" Verrückung die Kraft den anfänglich ruhenden Massenpunkt in Bewegung setzen müßte, so müßte sie bei dieser Bewegung, die ja allein unter ihrem Einfluß stattfände, lebendige Kraft erzeugen und somit positive Arbeit leisten.

Umgekehrt können wir also sagen, daß sich der Massenpunkt in seiner Lage (in der man sich ihn etwa bis zu einem bestimmten Augenblick festgehalten denken kann) dann im Gleichgewicht befindet, wenn keine einzige virtuelle Verrückung möglich ist, bei der die hierbei von der Kraft verrichtete Arbeit positiv ausfällt. Da eine virtuelle Verrückung in keiner Beziehung zu der Zeit steht[1], da die Komponenten dieser Verrückung also nicht Funktionen der Zeit sind, so kann man sie nicht wie die Komponenten des Wegelementes der tatsächlichen Bahn als Differentiale ansehen; man kann deshalb in den Komponenten der virtuellen Verrückung nur unendlich kleine allgemeine Veränderungen, nur sogenannte Variationen der Koordinaten erblicken, die mit δx, δy, δz bezeichnet werden mögen. Die bei einer virtuellen Verrückung verrichtete Arbeit ist somit gleich $X\,\delta x + Y\,\delta y + Z\,\delta z$, und daß dieser Ausdruck $\leqq 0$ sei, ist nach dem vorhin Gesagten die notwendige und hinreichende Bedingung des Gleichgewichtes. Werden von den Betrachtungen solche Fälle ausgeschlossen, wo zu einer beliebigen, unendlich kleinen virtuellen Verrückung nicht auch eine entgegengesetzt gleiche möglich ist, so kann (da bei einer Umkehrung der Richtung der Verrückung auch der Wert der Arbeit sein Vorzeichen wechselt) nur dann jede Verrückung mit positiver Arbeitsleistung als ausgeschlossen gelten, wenn für eine ganz beliebige und somit für jede beliebige virtuelle Verrückung die Arbeit null wird. In diesem Falle, den wir im folgenden allein betrachten wollen, genügt also das Gleichheitszeichen.

Ist statt eines einzelnen Massenpunktes nun ein System von beliebig vielen Massenpunkten gegeben, so können unter den die Bewegungsfreiheit einschränkenden Bedingungen natürlich auch solche sein, die von Verbindungen zwischen den einzelnen Massenpunkten herrühren. Dann sind die virtuellen Verrückungen der einzelnen Massenpunkte untereinander abhängig, und die Gleichgewichtsbedingung des Systems lautet dann, daß für jede für das System virtuelle Verrückung die Summe der Arbeiten, die die angreifenden Kräfte verrichten, negativ oder null ist, also

$$\sum_{h=1}^{h=n}(X_h\,\delta x_h + Y_h\,\delta y_h + Z_h\,\delta z_h) = 0\,. \tag{2}$$

Das Prinzip der virtuellen Verrückungen stammt von Johann Bernoulli (1717). Den analytischen Ausdruck für das Prinzip schuf Lagrange; er erkannte in der Gl. 2 die Grundformel der Statik, aus der er mit Hilfe des in dem nächsten Abschnitte zu behandelnden Satzes auch leicht die allgemeinste Formel der Bewegung ableiten konnte.

[1] Die Verrückung wird ja eben deshalb als virtuell bezeichnet, weil sie nur probeweise zur Untersuchung des Gleichgewichtes in Gedanken vorgenommen wird.

§ 10. Das Prinzip von d'Alembert und die allgemeine Bewegungsformel von Lagrange

Das Problem der unfreien Bewegung läßt sich durch ein von d'Alembert im Jahre 1743 aufgestelltes Prinzip auf die Frage des Gleichgewichtes zurückführen. Falls sich nämlich ein in seiner Bewegungsfreiheit beschränkter Massenpunkt unter dem Einfluß einer Kraft $\mathfrak{K}$ mit einer augenblicklichen tatsächlichen Beschleunigung $\mathfrak{b}$ bewegt (also $\mathfrak{K} \neq m\,\mathfrak{b}$), so läßt sich eine Zusatzkraft $\mathfrak{P}$ angeben, die derart beschaffen ist, daß

$$\mathfrak{K} + \mathfrak{P} = m\,\mathfrak{b} \tag{1}$$

wird. Nach dem Prinzip von d'Alembert müssen sich nun die Zusatzkräfte, die man sich an den einzelnen Massenpunkten eines Systems derart hinzugefügt zu denken hat, im Gleichgewichte befinden, und es muß somit auf sie die Gl. 2 des § 9 anwendbar sein. Dasselbe gilt natürlich auch für die den Zusatzkräften entgegengesetzt gleichen „verlorenen" Kräfte; sie sind für den einzelnen Massenpunkt $\mathfrak{K} - m\,\mathfrak{b}$ und haben daher die Komponenten $X - m\frac{d^2x}{dt^2}$ usw.

In Verknüpfung mit der Gl. 2 des § 9 liefert somit das d'Alembertsche Prinzip die sogenannte allgemeine Bewegungsformel von Lagrange (1788) in der Form

$$\left\{\begin{aligned} \sum_{h=1}^{h=n} \Big\{ \Big(X_h - m_h \frac{d^2x_h}{dt^2}\Big)\,\delta x_h + \Big(Y_h - m_h \frac{d^2y_h}{dt^2}\Big)\,\delta y_h \\ + \Big(Z_h - m_h \frac{d^2z_h}{dt^2}\Big)\,\delta z_h \Big\} = 0\,. \end{aligned}\right. \tag{2}$$

Wir wollen nun annehmen, daß die Bewegungsfreiheit des Systems durch m Gleichungen eingeschränkt sei, die zwischen den $3n$ Koordinaten des Systems bestehen. Die Kräfte kommen in diesen Gleichungen natürlich nicht vor; auch soll im folgenden nur der einfachere Fall betrachtet werden, daß diese Bedingungsgleichungen die Zeit nicht enthalten. Die m Gleichungen lassen sich dann in die Form bringen:

$$G_i(x_1, y_1, z_1, x_2 \ldots y_n, z_n) = 0 \quad (i = 1 \text{ bis } m). \tag{3}$$

Man nennt die Zahl $s = 3n - m$ die Zahl der Freiheitsgrade des betreffenden Systems.

Bei einem System von s Freiheitsgraden kann man nun von den $3n$ Koordinaten s beliebige auswählen und diese als voneinander völlig unabhängig ansehen, während die Variationen der übrigen m Koordinaten durch die Variationen der s unabhängigen ausgedrückt werden können. Auf diese Weise läßt sich die allgemeine Bewegungsformel (Gl. 2) durch entsprechende Ordnung der einzelnen Glieder in die Form bringen

(4) $$A_1 \delta \xi_1 + A_2 \delta \xi_2 + \ldots + A_s \delta \xi_s = 0 .$$

Dabei sind die Größen $\xi_1, \xi_2 \ldots \xi_s$ die untereinander unabhängigen Koordinaten; hingegen sind die Größen $A_1 \ldots A_s$ Ausdrücke, die von den Kräften und Koordinaten abhängen. Da die Variationen der s unabhängigen Koordinaten ganz willkürlich sind und daher auch alle positiv angenommen werden können und alle untereinander unabhängig sind, kann die Gl. 4 nur erfüllt sein, wenn die s Ausdrücke $A_1 \ldots A_s$ einzeln verschwinden. Indem man somit diese Ausdrücke gleich null setzt, gewinnt man s Bewegungsgleichungen, also ebensoviel, als das System Freiheitsgrade besitzt, und somit genügend viel, um die Bewegung des Systems vollkommen zu beschreiben. Die Bewegungsgleichungen für die übrigen m Koordinaten ergeben sich dann aus den Gleichungen, die den Zusammenhang dieser m Koordinaten mit den s unabhängigen ausdrücken[1].

Zweites Kapitel

Die Bewegung starrer Körper

§ 11. Translation und Rotation

Das Bild des materiellen Punktes, das den bisherigen Darlegungen zugrunde lag, ist wohl das einfachste Bild, unter dem

[1] In diesem Zusammenhang sei kurz auch das wichtige HAMILTONsche Prinzip erwähnt. Es ergibt sich aus der allgemeinen Bewegungsformel, indem man die tatsächliche Bewegung eines Systems mit einer von ihr nur unendlich wenig abweichenden (in Gedanken angenommenen) Bewegung vergleicht, die ebenfalls die dem System vorgeschriebenen Bedingungen erfüllt, wobei jedoch bei der Variation der Bewegung die Zeit nicht variiert wird. Indem man die Werte der lebendigen Kraft und des Potentials für die wirkliche und die variierte Bewegung miteinander vergleicht, ergibt sich die das HAMILTONsche Prinzip ausdrückende Beziehung

$$\int_{t_1}^{t_2} \delta (L - V)\, dt = 0 .$$

Wesentlich ist jedoch die Voraussetzung, daß für die Zeitpunkte, die als Integrationsgrenzen gewählt werden, die Lage des Systems unvariiert bleibt.

die Bewegung der in der Natur vorkommenden wirklichen festen Körper betrachtet werden kann. Daß es aber nur in einfachen Fällen ausreicht, geht schon aus der elementaren Erfahrungstatsache hervor, daß bei einem festen Körper sehr wohl einzelne Teile in Ruhe und andere wieder in Bewegung begriffen sein können. Ein vollkommeneres Bild stellt ein als starrer Körper definiertes System von Massenpunkten dar, zwischen denen unveränderliche Abstände bestehen.

Sind zwei Punkte eines starren Körpers festgehalten, so können die einzelnen Massenpunkte nur mehr kreisförmige Bahnen um die Verbindungslinie der beiden Punkte ausführen. Man spricht dann von einer Rotation des starren Körpers um eine feste Achse. Dreht sich hierbei ein von einem Massenpunkte auf die Rotationsachse gefälltes Lot mit einer Winkelgeschwindigkeit $d\varphi/dt$ und errichtet man einen Vektor $\mathfrak{w}$, der die Richtung der Rotationsachse, den Betrag $d\varphi/dt$ und einen solchen Richtungssinn hat, daß, von seiner Spitze aus gesehen, die Drehung des Körpers dem Uhrzeiger entgegengesetzt erfolgt, so ergibt sich die tatsächliche Drehungsgeschwindigkeit eines Massenpunktes bei dieser Rotation zu

$$\mathfrak{v} = [\mathfrak{w}\,\mathfrak{r}]\,; \tag{1}$$

dabei bedeutet $\mathfrak{r}$ den Radiusvektor, den man von einem beliebig auf der Rotationsachse gewählten Punkt zu dem betreffenden Massenpunkt zieht[1].

Mittels des D'ALEMBERTschen Prinzips läßt sich nun zeigen, daß sich die starren Verbindungen zwischen den den Körper zusammensetzenden Massenpunkten auch durch fingierte Zusatzkräfte ersetzen lassen, die in den Richtungen der Verbindungslinien wirken. Infolgedessen muß nach § 8 auf einen starren Körper sowohl der Satz vom Massenmittelpunkt als auch der Satz von der Erhaltung des Drehimpulses anwendbar sein. Nennt man die gesamte Bewegungsgröße des starren Körpers $\mathfrak{G}$, seinen gesamten, auf einen bestimmten Punkt bezogenen Drehimpuls $\mathfrak{U}$ und die angreifenden Kräfte $\mathfrak{K}$, so müssen daher für jeden starren Körper stets die Beziehungen erfüllt sein

[1] Gl. 1 folgt auch aus Gl. 1 des § 7, wenn man darin für den beliebig gelassenen Vektor $\mathfrak{A}$ im besonderen $\mathfrak{r}$ einsetzt und beachtet, daß für das rotierende Koordinatensystem $\mathfrak{r}$ konstant ist, und andererseits $d\mathfrak{r}/dt$ gleich $\mathfrak{v}$ ist.

(2) $$\frac{d\mathfrak{G}}{dt} = \sum \mathfrak{K}$$

und

(3) $$\frac{d\mathfrak{U}}{dt} = \sum [\mathfrak{r}\,\mathfrak{K}]\,;$$

dabei bedeutet $\mathfrak{r}$ den Radiusvektor, den man von dem Bezugspunkt zu dem Angriffspunkt der betreffenden Kraft zieht[2].

Für einen bestimmten Augenblick hat der Vektor der Winkelgeschwindigkeit, wie sich zeigen läßt, für alle überhaupt möglichen, mit dem starren Körper fest verbundenen Koordinatensysteme einen und denselben Wert. Man kann sich daher die Momentanbewegung eines starren Körpers stets zusammengesetzt denken aus einer Translation, die mit der tatsächlichen Geschwindigkeit und in der Bewegungsrichtung eines mit dem Körper fest verbundenen Punktes erfolgt, und aus einer momentanen Rotation um eine durch diesen Punkt hindurchgehende, mit dem Körper fest verbundene Achse.

Hinsichtlich der Translation verhält sich, wie sich weiter zeigen läßt, der starre Körper so wie ein einzelner materieller Punkt; denn er verhält sich so, als ob seine ganze Masse im Schwerpunkt konzentriert wäre und in diesem sämtliche Kräfte, die in Wirklichkeit an beliebigen Punkten des starren Körpers angreifen, in gleicher Größe und Richtung angreifen würden.

Das Verschwinden der Vektorsumme der an einem starren Körper angreifenden Kräfte bedeutet keineswegs auch das Verschwinden des Gesamtmomentes des Kräftesystems. Daß auch dann, wenn $\sum \mathfrak{K} = 0$ ist, dennoch $\sum [\mathfrak{r}\,\mathfrak{K}]$ von null verschieden sein kann, zeigt das einfache Beispiel des sogenannten Kräftepaares. Dieses besteht aus zwei gleich großen und parallelen, aber entgegengesetzt gerichteten Kräften, die in zwei miteinander starr verbundenen Punkten angreifen, deren Verbindungslinie jedoch nicht in die Richtung der Kräfte fällt. Man nennt ein solches System mit einem von POINSOT geschaffenen Ausdruck ein Kräftepaar.

Da, falls die eine Kraft mit $+\mathfrak{K}$ bezeichnet wird, die andere $-\mathfrak{K}$ ist, so verschwindet natürlich stets die Vektorsumme der beiden Einzelkräfte. Hingegen ist ihr Moment in bezug auf einen be-

[2] Da infolge der Konstanz der inneren Entfernungen die innere potentielle Energie eines starren Körpers unveränderlich sein muß, sagt natürlich der Satz von der Erhaltung der Energie in der Anwendung auf den starren Körper nicht mehr aus als in der Anwendung auf einen einzelnen Massenpunkt.

liebigen Punkt im allgemeinen von Null verschieden. Wir wollen die gerichteten Strecken, die man von diesem Punkte zu den Angriffspunkten der positiven und der negativen Kraft zieht, mit $\mathfrak{r}_1$ und $\mathfrak{r}_2$ bezeichnen und die gerichtete Strecke, die von dem Angriffspunkt der positiven Kraft zu dem der negativen führt, mit $\mathfrak{a}$. Dann ist

$$\mathfrak{r}_2 = \mathfrak{r}_1 + \mathfrak{a},$$

und das Moment des Kräftepaares in bezug auf den Punkt wird daher

$$\mathfrak{M} = [\mathfrak{r}_1 \mathfrak{K}] + [\mathfrak{r}_2 (-\mathfrak{K})] = -[\mathfrak{a} \mathfrak{K}]$$

oder

(4) $$\mathfrak{M} = [\mathfrak{K} \mathfrak{a}].$$

Der Momentenvektor $\mathfrak{M}$ steht also stets senkrecht auf der Ebene, die von den beiden Kräften gebildet wird, und ist seinem Betrage nach gleich dem Produkt aus der Größe der Einzelkraft und dem senkrechten Abstand der beiden parallelen Kraftrichtungen. Er hat, wie man aus Fig. 6 ersieht, einen solchen Richtungssinn, daß, von seiner Spitze gesehen, die durch das Kräftepaar hervorgerufene Drehung dem Uhrzeiger entgegengesetzt erscheint.

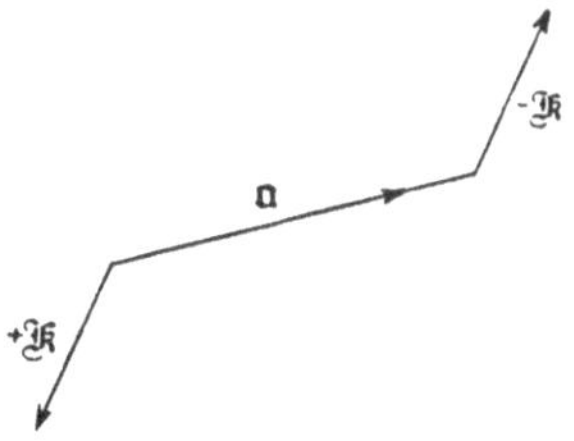

Fig. 6

Es läßt sich zeigen, daß sich sämtliche an einem starren Körper angreifenden Kräfte stets zu einer resultierenden Einzelkraft und einem resultierenden Kräftepaar zusammensetzen lassen. Es läßt sich ferner stets eine Gerade derart bestimmen, daß, wenn einer ihrer Punkte als Bezugspunkt gewählt wird, das resultierende Moment und die resultierende Einzelkraft dieselbe Richtung haben.

§ 12. Die Tensoren

Sind $\mathfrak{C}$ und $\mathfrak{D}$ zwei beliebige Vektoren, so können wir bei Benutzung eines bestimmten Koordinatensystems stets neun Größen ableiten, indem wir die Komponenten der beiden Vektoren paarweise miteinander multiplizieren, also setzen:

(1) $$\left\{\begin{array}{lll} E_{xx} = C_x D_x, & E_{xy} = C_x D_y, & E_{xz} = C_x D_z, \\ E_{yx} = C_y D_x, & E_{yy} = C_y D_y, & E_{yz} = C_y D_z, \\ E_{zx} = C_z D_x, & E_{zy} = C_z D_y, & E_{zz} = C_z D_z. \end{array}\right.$$

Da (nach Gl. 6 des § 2)

$$E_{xx} + E_{yy} + E_{zz} = (\mathfrak{C}\,\mathfrak{D})\,, \tag{2}$$

nämlich gleich dem inneren Produkt der Vektoren $\mathfrak{C}$ und $\mathfrak{D}$ ist, so muß die Summe auf der linken Seite der Gl. 2 einen von dem Koordinatensystem unabhängigen Skalar darstellen.

Betrachten wir hingegen das äußere Produkt der Vektoren $\mathfrak{C}$ und $\mathfrak{D}$, so ergeben sich aus den Gl. 1 (nach Gl. 9 des § 2) die Beziehungen:

$$E_{yz} - E_{zy} = [\mathfrak{C}\,\mathfrak{D}]_x\,;\; E_{zx} - E_{xz} = [\mathfrak{C}\,\mathfrak{D}]_y\,;\; E_{xy} - E_{yx} = [\mathfrak{C}\,\mathfrak{D}]_z\,. \tag{3}$$

Bildet man also den Ausdruck $E_{yz} - E_{zy}$ und die beiden analogen Ausdrücke, so erhält man wiederum die Komponenten eines Vektors.

Multiplizieren wir endlich die neun Größen E_{xx} usw. mit den Komponenten eines beliebigen Vektors $\mathfrak{B}$ nach dem folgenden Schema, so finden wir

$$E_{xx} B_x + E_{xy} B_y + E_{xz} B_z = C_x\,(\mathfrak{B}\,\mathfrak{D}) \tag{4}$$

usw. Da das innere Produkt der Vektoren $\mathfrak{B}$ und $\mathfrak{D}$ ein Skalar ist, so stellen also die linken Seiten der Gl. 4 und der beiden analogen Gleichungen wiederum die Komponenten eines Vektors dar.

Sind nun in bezug auf ein bestimmtes Koordinatensystem neun Größen gegeben

$$\begin{cases} k_{xx}\,, & k_{xy}\,, & k_{xz}\,, \\ k_{yx}\,, & k_{yy}\,, & k_{yz}\,, \\ k_{zx}\,, & k_{zy}\,, & k_{zz}\,, \end{cases} \tag{5}$$

so bezeichnen wir diese neun Größen als Komponenten eines Tensors, wenn sie sich bei einem Wechsel des Koordinatensystems ebenso transformieren wie die paarweise gebildeten Produkte der Komponenten zweier Vektoren[1]. Die Größen, bei denen derselbe Index zweimal vorkommt, also k_{xx}, k_{yy}, k_{zz}, nennt man die Tensorkomponenten erster Art; die übrigen sechs bezeichnet man als Tensorkomponenten zweiter Art. Sind diese untereinander paarweise gleich, ist also z. B. $k_{yx} = k_{xy}$ usw., so nennt man den Tensor symmetrisch.

[1] Bei dem Übergang von einem Koordinatensystem zu einem zweiten transformieren sich die Komponenten eines Vektors nach dem Schema:

$$A_x' = A_x \cos(x', x) + A_y \cos(x', y) + A_z \cos(x', z)\,.$$

Daß die Tensorkomponenten auch darstellbar seien als Produkte der Komponenten zweier Vektoren, ist nach der gegebenen Definition keineswegs erforderlich; es genügt, wenn sie sich so wie die Produkte der Komponenten zweier Vektoren transformieren. Ist dies aber der Fall, so folgt aus der Gl. 2 sogleich, daß bei einer Transformation

$$k_{xx}' + k_{yy}' + k_{zz}' = k_{xx} + k_{yy} + k_{zz} \tag{6}$$

sein muß. Die Summe der Tensorkomponenten erster Art stellt einen von dem Koordinatensystem unabhängigen Skalar dar.

Wie andererseits aus den Gl. 3 folgt, läßt sich aus jedem Tensor ein von dem Koordinatensystem unabhängiger Vektor ableiten, dessen Komponenten durch die drei Ausdrücke dargestellt sind:

$$k_{yz} - k_{zy}\,, \quad k_{zx} - k_{xz}\,, \quad k_{xy} - k_{yx}\,. \tag{7}$$

Endlich folgt aus der Gl. 4, daß man durch eine entsprechende Verknüpfung der Komponenten eines Tensors mit den Komponenten eines Vektors ($\mathfrak{B}$) stets einen neuen Vektor ($\mathfrak{A}$) mittels folgender Beziehungen ableiten kann:

$$\left\{\begin{aligned} k_{xx}B_x + k_{xy}B_y + k_{xz}B_z &= A_x\,, \\ k_{yx}B_x + k_{yy}B_y + k_{yz}B_z &= A_y\,, \\ k_{zx}B_x + k_{zy}B_y + k_{zz}B_z &= A_z\,. \end{aligned}\right. \tag{8}$$

Der Vektor $\mathfrak{A}$ wird dann als eine lineare Vektorfunktion des Vektors $\mathfrak{B}$ bezeichnet, weil seine Komponenten lineare Funktionen der Komponenten des Vektors $\mathfrak{B}$ sind.

Es läßt sich zeigen, daß ähnlich, wie ein Vektor durch eine gerichtete Strecke repräsentiert wird, ein Tensor durch eine von dem benutzten Koordinatensystem unabhängige Fläche zweiten Grades dargestellt werden kann. In dem für die Physik allein in Betracht kommenden Fall, daß die Komponenten erster Art nicht negativ werden können, ist diese Fläche das sogenannte Tensorellipsoid. Durch seine drei Achsen sind drei zueinander senkrechte Richtungen festgelegt, die man die Hauptachsen des Tensors nennt. Die Werte, die die drei Tensorkomponenten erster Art in bezug auf ein Koordinatensystem annehmen, das von den drei Hauptachsen gebildet wird, werden als die drei Hauptwerte des Tensors (k_1, k_2, k_3) bezeichnet. Bei Benutzung eines solchen Koordinatensystems verschwinden, woferne der Tensor symmetrisch ist, seine Komponenten zweiter Art.

Ist ein Vektor $\mathfrak{A}$ eine symmetrische Vektorfunktion eines anderen Vektors $\mathfrak{B}$ und sind die Komponenten der beiden Vektoren in bezug auf die Hauptachsen des zugehörigen Tensors gleich A_1, A_2, A_3 und B_1, B_2, B_3, so gelten nach den Gl. 8 die einfachen Beziehungen:

$$A_1 = k_1 B_1 , \qquad A_2 = k_2 B_2 , \qquad A_3 = k_3 B_3 . \tag{9}$$

§ 13. Das Trägheitsmoment und die EULERschen Gleichungen

Für den gesamten Drehimpuls eines starren Körpers findet man auf Grund der Gl. 3 des § 5

$$\mathfrak{U} = \sum m [\mathfrak{r}\, \mathfrak{v}] , \tag{1}$$

wenn $\mathfrak{r}$ der Radiusvektor ist, der von einem selbst ruhenden Punkt eines starren Körpers (z. B. von einem Punkt der festen Rotationsachse) zu einem beliebigen Punkte des Körpers gezogen ist. Setzt man hierin gemäß Gl. 1 des § 11 für $\mathfrak{v}$ wieder das Vektorprodukt $[\mathfrak{w}\, \mathfrak{r}]$ ein, wobei $\mathfrak{w}$ den Vektor der Winkelgeschwindigkeit bedeutet, so führt die vektoralgebraische Ausrechnung zu der wichtigen Erkenntnis, daß der Drehimpuls eines starren Körpers eine lineare Vektorfunktion der Winkelgeschwindigkeit und eines symmetrischen Tensors ist, der als das Trägheitsmoment des starren Körpers bezeichnet wird. Für seine Komponenten gelten die Beziehungen

$$\left\{\begin{aligned} &J_{xx} = \sum m\,(y^2 + z^2) , \qquad J_{yy} = \sum m\,(z^2 + x^2) , \\ &\qquad J_{zz} = \sum m\,(x^2 + y^2) , \\ &J_{xy} = J_{yx} = -\sum m\,x\,y , \quad J_{yz} = J_{zy} = -\sum m\,y\,z , \\ &\qquad J_{zx} = J_{xz} = -\sum m\,z\,x . \end{aligned}\right. \tag{2}$$

Da $y^2 + z^2$ das Quadrat des Abstandes ist, den ein Punkt von der x-Achse hat usw., so erhält man also die drei Tensorkomponenten erster Art, indem man die einzelnen Massenpunkte mit den Quadraten ihrer Abstände von den Koordinatenachsen multipliziert und dann über alle Massenpunkte addiert. Man bezeichnet darum die drei Komponenten erster Art auch als die Trägheitsmomente um die drei Koordinatenachsen.

Die durch den Schwerpunkt gelegten Hauptachsen des Trägheitstensors heißen die Hauptträgheitsachsen und die Trägheitsmomente um sie die Hauptträgheitsmomente. Benutzen wir ein Koordinatensystem, das von den Hauptträgheitsachsen gebildet wird, so ergibt sich der Zusammenhang zwischen Drehimpuls und Winkelgeschwindigkeit nach Gl. 9 des § 12 in der einfachen Form

$$U_1 = w_1 J_1\,, \quad U_2 = w_2 J_2\,, \quad U_3 = w_3 J_3\,. \tag{3}$$

Ist J das Trägheitsmoment um eine beliebige, durch den Schwerpunkt gelegte Achse, so ergibt die Rechnung das Trägheitsmoment um eine im Abstand d parallele Achse zu

$$J' = J + d^2 \sum m\,, \tag{4}$$

wobei $\sum m$ die Gesamtmasse des Körpers bedeutet. Gl. 4 drückt den sogenannten STEINERschen Satz aus.

Als Beispiele von Trägheitsmomenten seien angeführt: Das Trägheitsmoment eines Kreiszylinders vom Radius a und der Masse m um die Zylinderachse ist gleich $\frac{1}{2}\,a^2\,m$; das Trägheitsmoment einer Kugel vom Halbmesser a und der Masse m ist gleich $\frac{2}{5}\,a^2\,m$.

Ist r das Lot, das man von einem beliebigen Punkte eines rotierenden Körpers auf die Rotationsachse fällt, und ist w der Betrag der Winkelgeschwindigkeit, so ist die Geschwindigkeit des Punktes in ihrem Betrage gleich $w\,r$. Daraus folgt für die kinetische Energie des rotierenden Körpers

$$L = \tfrac{1}{2} \sum m\,w^2\,r^2 = \tfrac{1}{2}\,w^2 \sum m\,r^2 = \tfrac{1}{2}\,J\,w^2\,. \tag{5}$$

Bei der Rotation eines Körpers bewirkt die starre Verbindung mit der Rotationsachse bei allen Massenpunkten des Körpers das Auftreten von Reaktionskräften. Da bei der Rotation um eine feste Achse die Massenpunkte kreisförmige Bahnen beschreiben, stellt die Reaktionskraft die Zentrifugalkraft dar. Die Zusammensetzung aller Reaktionskräfte liefert eine resultierende Einzelkraft, die $\mathfrak{R}^*$ genannt werde, und ein resultierendes Kräftepaar, dessen Moment mit $\mathfrak{M}^*$ bezeichnet werde. Es zeigt sich dann, daß $\mathfrak{R}^*$ verschwindet, wenn die Rotationsachse durch den Schwerpunkt geht, und daß überdies $\mathfrak{M}^*$ verschwindet, wenn die Rotationsachse mit einer Hauptträgheitsachse zusammenfällt. Ist dies nicht der Fall, so suchen, wenn die Rotationsachse als x-Achse gewählt wird, die Komponente M_y^* $(= w^2 J_{xz})$ die Bewegung in die Richtung der x-z-Ebene und die Komponente M_z^* $(= -\,w^2 J_{xy})$ die Bewegung in die Richtung der x-y-Ebene abzulenken. Dies ist auch der Grund dafür, warum man bei dem Tensor des Trägheitsmomentes die Komponenten zweiter Art als Deviationsmomente bezeichnet.

Die Bewegungsgleichungen des starren Körpers nehmen eine besonders einfache Form an, wenn die Bewegung auf ein Koordinatensystem bezogen wird, das den Schwerpunkt zum Ursprung und die Hauptträgheitsachsen zu Achsen hat. Nennen wir den auf den Schwerpunkt bezogenen Drehimpuls (oder bei ruhendem Schwerpunkt den Drehimpuls schlechthin) $\mathfrak{U}$ und bezeichnen wir mit $\mathfrak{M}$ das auf den Schwerpunkt bezogene resultierende Moment aller angreifenden Kräfte, so wird nach Gl. 3 des § 11

$$\mathfrak{M} = \frac{d\mathfrak{U}}{dt}. \tag{6}$$

Wird der zeitliche Differentialquotient des Drehimpulses in bezug auf das mit dem Körper fest verbundene Koordinatensystem mit $d^*\mathfrak{U}/dt$ bezeichnet, so ist (nach Gl. 1 des § 7)

$$\frac{d\mathfrak{U}}{dt} = \frac{d^*\mathfrak{U}}{dt} + [\mathfrak{w}\,\mathfrak{U}]. \tag{7}$$

In analoger Weise können wir in dieser Gleichung (nach Gl. 1 des § 7) statt des Vektors $\mathfrak{U}$ auch den Vektor $\mathfrak{w}$ selbst einsetzen. Da das äußere Produkt eines Vektors mit sich selbst aber verschwindet, so wird einfach

$$\frac{d\mathfrak{w}}{dt} = \frac{d^*\mathfrak{w}}{dt}. \tag{8}$$

Übertragen wir die Gl. 6 aus der vektoriellen in die analytische Schreibweise, so finden wir also, bei Berücksichtigung der Gl. 7, indem wir die Hauptträgheitsachsen zu Koordinatenachsen machen,

$$M_1 = \frac{d^* U_1}{dt} + w_2 U_3 - w_3 U_2. \tag{9}$$

Andererseits ist aber nach Gl. 3 und 8

$$\frac{d^* U_1}{dt} = J_1 \frac{dw_1}{dt}. \tag{10}$$

Bei Berücksichtigung der Gl. 3 ergibt sich also aus der Gl. 9 das Gleichungstripel:

$$\left\{\begin{aligned} M_1 &= J_1 \frac{dw_1}{dt} - w_2 w_3 (J_2 - J_3), \\ M_2 &= J_2 \frac{dw_2}{dt} - w_3 w_1 (J_3 - J_1), \\ M_3 &= J_3 \frac{dw_3}{dt} - w_1 w_2 (J_1 - J_2). \end{aligned}\right. \tag{11}$$

Diese wichtigen Bewegungsgleichungen des starren Körpers wurden zuerst von Euler im Jahre 1765 aufgestellt.

Mittels dieser Gleichungen (die übrigens auch die Grundlage der Kreiseltheorie darstellen) läßt sich auch leicht die Frage beantworten, ob und wann ein Körper um eine feste Achse ohne Einwirkung äußerer Kräfte dauernd gleichmäßig rotieren kann. Soll dies der Fall sein, so müssen wegen des Fehlens äußerer Kräfte die linken Seiten der drei Gl. 11 verschwinden, wegen der geforderten Konstanz des Vektors $\mathfrak{w}$ aber auch die ersten Glieder der rechten Seiten. Es müssen also auch die drei letzten Glieder der Gleichungen verschwinden, und dies ist für einen ganz beliebigen Körper, für den die drei Hauptträgheitsmomente voneinander verschieden angenommen werden müssen, nur dann möglich, wenn

$$w_2 w_3 = w_3 w_1 = w_1 w_2 = 0 \tag{12}$$

ist. Die Gl. 12 sind entweder dann erfüllt, wenn alle drei Komponenten Null sind, welcher Fall aber, da dann überhaupt keine Rotation stattfindet, hier nicht in Betracht kommt, oder aber, wenn von den drei Komponenten der Winkelgeschwindigkeit zwei verschwinden. Dies kann aber nur dann der Fall sein, wenn der Vektor $\mathfrak{w}$ dauernd die Richtung einer der drei Hauptträgheitsachsen hat. Die Hauptträgheitsachsen stellen also zugleich die sogenannten freien Achsen des starren Körpers dar, die dadurch definiert sind, daß um sie der starre Körper ohne Einwirkung äußerer Kräfte gleichförmig rotieren kann.

Ein einfaches Beispiel einer Bewegung eines starren Körpers bilden die Schwingungen eines sogenannten physischen Pendels. Ein solches schwingt wie ein Massenpunkt der gleichen Masse m, der an einem masselosen Faden von der „reduzierten Pendellänge“ $J/(m\,a)$ aufgehängt ist, wenn J das Trägheitsmoment und a der Abstand des Schwerpunktes von der Drehachse sind. Zu jedem Werte von a gehört im allgemeinen noch ein zweiter verschiedener, für den die Schwingungsdauer dieselbe Größe hat wie im ersten Fall; durch Feststellung dieses zweiten Wertes kann man bei gemessener Schwingungsdauer nach einer einfachen, durch die Theorie gelieferten Beziehung die Beschleunigung der Erdschwere bestimmen.

Drittes Kapitel

Theorie der Vektorfelder und der Schwingungen

§ 14. Die vektoriellen Differentialoperationen

Betrachten wir ein Vektorfeld und denken wir uns in diesem ein Koordinatensystem gelegt, so erscheinen die drei Komponenten des Vektors, der $\mathfrak{A}$ genannt werde, als Funktionen der Koordinaten, und es können daher neun partielle Differentialquotienten nach dem Schema gebildet werden:

$$\left\{\begin{array}{ccc} \frac{\partial A_x}{\partial x} & \frac{\partial A_x}{\partial y} & \frac{\partial A_x}{\partial z} \\ \frac{\partial A_y}{\partial x} & \frac{\partial A_y}{\partial y} & \frac{\partial A_y}{\partial z} \\ \frac{\partial A_z}{\partial x} & \frac{\partial A_z}{\partial y} & \frac{\partial A_z}{\partial z}\,. \end{array}\right. \tag{1}$$

Untersucht man es nun, wie sich diese Differentialquotienten bei einem Übergang zu einem anderen Koordinatensystem transformieren, so erkennt man, daß sie die Komponenten eines Tensors darstellen. Hieraus können wir sogleich drei wichtige Folgerungen ziehen. Nach Gl. 6 des § 12 muß die Summe der Tensorkomponenten erster Art einen von dem Koordinatensystem unabhängigen Skalar darstellen; in unserem Falle bezeichnen wir ihn mit einem Ausdruck, dessen Bedeutung später (§ 20) ersichtlich werden wird, als die Divergenz des Vektors und gebrauchen dafür das Symbol div $\mathfrak{A}$. Es ist also

$$\operatorname{div} \mathfrak{A} = \frac{\partial A_x}{\partial x} + \frac{\partial A_y}{\partial y} + \frac{\partial A_z}{\partial z}\,. \tag{2}$$

Andererseits stellen nach Formel (7) des § 12 die paarweise gebildeten Differenzen der Tensorkomponenten zweiter Art wiederum die Komponenten eines Vektors dar, der in unserem Falle mit einem Ausdruck, dessen Bedeutung ebenfalls später ersichtlich werden wird, als die Rotation des Vektors bezeichnet wird. Für sie wird das Symbol rot $\mathfrak{A}$ gebraucht. Ihre Komponenten in bezug auf ein beliebiges Koordinatensystem sind durch die folgenden Gleichungen bestimmt, in denen der Richtungssinn der Rotation jedoch erst definitionsweise durch die Reihenfolge der Glieder auf der rechten Seite festgelegt wird. Es ist

$$
(3) \qquad \begin{cases} \operatorname{rot}_x \mathfrak{A} = \dfrac{\partial A_z}{\partial y} - \dfrac{\partial A_y}{\partial z}, \\ \operatorname{rot}_y \mathfrak{A} = \dfrac{\partial A_x}{\partial z} - \dfrac{\partial A_z}{\partial x}, \\ \operatorname{rot}_z \mathfrak{A} = \dfrac{\partial A_y}{\partial x} - \dfrac{\partial A_x}{\partial y}. \end{cases}
$$

Die Divergenz des Gradienten eines Skalars S wird als die LAPLACEsche Ableitung des Skalars (ΔS) bezeichnet. Nach den Definitionen der Divergenz (Gl. 2) und des Gradienten (Gl. 1 des § 6) ist

$$
(4) \qquad \Delta S = \operatorname{div} \operatorname{grad} S = \frac{\partial^2 S}{\partial x^2} + \frac{\partial^2 S}{\partial y^2} + \frac{\partial^2 S}{\partial z^2}.
$$

Betrachten wir einen beliebigen Vektor $\mathfrak{A}$, so erscheint seine LAPLACEsche Ableitung $\Delta \mathfrak{A}$ durch einen Vektor dargestellt, für den die x-Komponente gleich ist ΔA_x, die y-Komponente gleich ΔA_y und die z-Komponente gleich ΔA_z.

Von Wichtigkeit sind ferner die folgenden, unschwer ableitbaren Formeln

$$
(5) \qquad \operatorname{rot} \operatorname{grad} S = 0,
$$

$$
(6) \qquad \operatorname{div} \operatorname{rot} \mathfrak{A} = 0,
$$

$$
(7) \qquad \operatorname{rot} \operatorname{rot} \mathfrak{A} = \operatorname{grad} \operatorname{div} \mathfrak{A} - \Delta \mathfrak{A}.
$$

§ 15. Die Sätze von GAUSS und STOKES

Denken wir uns innerhalb eines Vektorfeldes ein Flächenelement von der Größe df, und ist $\mathfrak{A}$ der Wert des Vektors an der betreffenden Stelle, so bezeichnen wir mit A_n die Komponente des Vektors in der Richtung der von dem Flächenelement nach außen weisenden Normalen. Das Produkt $A_n\,df$ nennen wir dann den Fluß des Vektors durch das Flächenelement. Das über eine geschlossene Fläche erstreckte Integral der Normalkomponente des Vektors wird als der gesamte Vektorfluß durch die geschlossene Fläche bezeichnet.

Wie GAUSS gefunden hat und der nach ihm benannte GAUSSsche Satz ausdrückt, ist der Vektorfluß durch eine geschlossene Fläche gleich dem Integral der Divergenz des Vektors, erstreckt über das gesamte von der Fläche umschlossene Volumen, oder

$$
(1) \qquad \int A_n\,df = \int \operatorname{div} \mathfrak{A}\,d\tau
$$

(dabei bedeutet $d\tau$ das Volumelement).

Der Satz von GAUSS bietet so eine einfache Möglichkeit, um ein über eine geschlossene Fläche erstrecktes Oberflächenintegral in ein Integral über das umschlossene Volumen zu verwandeln. In ähnlicher Weise bietet ein wichtiger, von STOKES abgeleiteter und nach ihm benannter Satz die Möglichkeit, ein über eine geschlossene Kurve erstrecktes Linienintegral in ein Flächenintegral zu verwandeln, das über die von der Kurve umschlossene Fläche zu erstrecken ist. Bezeichnen wir nämlich mit $d\mathfrak{s}$ das Element der Kurve, so gilt die Beziehung

$$\int \mathfrak{A}\, d\mathfrak{s} = \int \mathrm{rot}_n \mathfrak{A}\, df\,, \tag{2}$$

wobei mit dem Symbol rot_n die Normalkomponente der Rotation in bezug auf die Fläche bezeichnet ist. Die Flächennormale muß dabei einen solchen Richtungssinn haben, daß von ihrer Spitze der Umlauf, in dem das Linienintegral gebildet wird, dem Uhrzeiger entgegengesetzt erscheint. $\mathfrak{A}\, d\mathfrak{s}$ bedeutet das innere Produkt aus den Vektoren $\mathfrak{A}$ und $d\mathfrak{s}$, ist also (nach Gl. 6 des § 2) gleich $A_x\, dx + A_y\, dy + A_z\, dz$.

§ 16. Die harmonische Schwingung

Durch eine Gleichung von der Form

$$S = A \sin \frac{2\pi t}{\tau}\,, \tag{1}$$

in der t die Zeit bedeutet, erscheint eine periodische Änderung der Größe S beschrieben, die als harmonische Schwingung oder reine Sinusschwingung bezeichnet wird. Die jeweilige Abweichung der periodisch veränderlichen Größe S von dem Nullwert wird als Ausschlag oder Elongation bezeichnet, die also positiv oder negativ sein kann. Die Konstante A, die dem größten Werte des Ausschlags nach beiden Seiten entspricht, wird die Schwingungsweite oder Amplitude genannt; die Periode τ heißt auch die Schwingungsdauer, ihr reziproker Wert, der die Anzahl der Schwingungen in der Zeiteinheit angibt, die Schwingungszahl oder Frequenz.

Statt als Funktion der Zeit kann man S auch als Funktion einer mit der Zeit periodisch veränderlichen Winkelgröße ψ nach der Formel darstellen

$$S = A \sin \psi\,. \tag{2}$$

Die Größe ψ, zu deren Angabe ein Wert zwischen 0 und 2π

genügt, wird als die augenblickliche Phase des Schwingungszustandes bezeichnet.

Bisher wurde angenommen, daß zur Zeit $t = 0$ auch $S = 0$ ist. Betrachtet man nur eine einzige Schwingung, so kann man natürlich die Zeitskala stets so wählen, daß dies zutrifft. Dies ist im allgemeinen nicht mehr möglich, wenn zwei oder mehr gleichzeitig vorhandene Schwingungen zu betrachten sind. An die Stelle der Gl. 1 tritt dann die allgemeinere Beziehung

$$S = A \sin\left(\frac{2\pi t}{\tau} + \varepsilon\right), \tag{3}$$

wobei die Größe ε, die die Phase zur Zeit $t = 0$ angibt, die Phasenkonstante genannt wird.

Zwei Schwingungen, deren Phasendifferenz gleich π ist, die sich also um eine halbe Periode unterscheiden, weisen bei gleicher Amplitude stets entgegengesetzt gleiche Ausschläge auf. Beträgt die Phasendifferenz $\pi/2$, also eine Viertelperiode, so muß in allen Augenblicken, in denen bei der einen Schwingung der Ausschlag Null ist, bei der anderen Schwingung der größte Ausschlag nach einer der beiden Seiten stattfinden.

Schreiben wir die Gl. 3 in der Form

$$S = A \sin(a\,t + \varepsilon)\,, \tag{4}$$

so erkennen wir leicht, daß für die Größe S die Differentialgleichung erfüllt ist

$$\frac{d^2 S}{dt^2} = -\,a^2\,S\,. \tag{5}$$

Umgekehrt besitzt jede Differentialgleichung von dieser Form eine besondere Lösung in der Form der Gl. 4, also in einer Schwingung, die mit der Periode $2\pi/a$ vor sich geht.

Als allgemeine Lösung der Differentialgleichung (5) ergeben mathematische Betrachtungen die Beziehung

$$S = G\cos(a\,t) + H\sin(a\,t)\,. \tag{6}$$

G und H sind hierbei zwei unbestimmte Konstanten, die einen bestimmten Wert erst durch die vorgeschriebenen Anfangsbedingungen erhalten; denn in der Tat ist G der Wert, den für $t = 0$ die Größe S, und $a\,H$ der Wert, den für $t = 0$ der erste Differentialquotient dS/dt annimmt.

In analoger Weise hat eine vektorielle Differentialgleichung von der Form

$$\frac{d^2\mathfrak{B}}{dt^2} = -\,a^2\,\mathfrak{B} \tag{7}$$

zur allgemeinen Lösung die Beziehung

$$\mathfrak{V} = \mathfrak{A} \sin (a\,t) + \mathfrak{B} \cos (a\,t)\,, \tag{8}$$

wobei $\mathfrak{A}$ und $\mathfrak{B}$ vektorielle Konstanten sind. Durch die Gl. 8 wird eine Vektorschwingung beschrieben; der schwingende Vektor muß dabei stets in derjenigen Ebene bleiben, die durch die beiden Vektoren $\mathfrak{A}$ und $\mathfrak{B}$ bestimmt ist. Denkt man sich also den schwingenden Vektor $\mathfrak{V}$ von einem bestimmten Anfangspunkte aus aufgetragen, so beschreibt sein Endpunkt eine ebene Kurve; es läßt sich zeigen, daß diese Kurve eine Ellipse ist, weshalb man von einer elliptischen Vektorschwingung spricht. Als Spezialfälle ergeben sich die lineare und die zirkulare Schwingung.

Es läßt sich ferner zeigen, daß ganz allgemein eine elliptische Schwingung stets in zwei zueinander senkrechte lineare Schwingungen von beliebiger Schwingungsrichtung zerlegt werden kann; die beiden Teilschwingungen haben aber dann im allgemeinen nicht nur verschiedene Amplitude, sondern weisen auch gegeneinander eine Phasendifferenz auf.

Umgekehrt kann man zwei zueinander senkrechte lineare Schwingungen von gleicher Periode, jedoch von verschiedener Amplitude und beliebigem Phasenunterschied stets zu einer elliptischen Schwingung zusammensetzen. In dem besonderen Falle, daß die Amplituden beider Schwingungen gleich sind und die Phasendifferenz gerade einer Viertelperiode (oder einem ungeraden Vielfachen einer Viertelperiode) entspricht, wird die resultierende Schwingung zirkular; in dem anderen Spezialfall, daß der Phasenunterschied einem ganzzahligen Vielfachen einer halben Periode entspricht, ergibt die Zusammensetzung auch bei Verschiedenheit der Amplituden stets eine lineare Schwingung. Man kann ferner stets zwei entgegengesetzt gleiche zirkulare Schwingungen zu einer linearen zusammensetzen und umgekehrt eine lineare immer in zwei entgegengesetzt gleiche zirkulare zerlegen.

§ 17. Die gedämpfte und die erzwungene Schwingung

Gilt eine Differentialgleichung von der Form

$$\frac{d^2 S}{dt^2} + k\,\frac{dS}{dt} + a^2 S = 0\,, \tag{1}$$

so müssen, wie die mathematischen Betrachtungen zeigen, zwei Hauptfälle unterschieden werden, je nachdem, ob $k \geqq 2\,a$ oder aber $k < 2a$ ist. Während im ersten Falle der durch die Differentialgleichung beschriebene Vorgang aperiodisch verläuft, tritt in dem zweiten Falle eine gedämpfte Schwingung ein. Auch bei einer solchen ist die Schwingungsdauer konstant, aber gegenüber der Periode der ungedämpften Schwingung, die gleich ist $2\pi/a$, vergrößert; es ist nämlich

$$\tau = \frac{2\pi}{\sqrt{a^2 - \frac{k^2}{4}}}. \tag{2}$$

Die Amplitude verringert sich von Schwingung zu Schwingung im Verhältnis $1 : e^{-\frac{k}{2}\tau}$. Die Größe k wird als die Dämpfungskonstante bezeichnet, die Größe $k\tau/2$ als das logarithmische Dekrement der Schwingung (nämlich deshalb, weil so groß die Differenz der Logarithmen zweier aufeinander folgender größter Ausschläge ist).

Für mehrere Zweige der Physik sind diejenigen Erscheinungen von großer Bedeutung, die dann auftreten, wenn ein bestimmter (tatsächlicher oder möglicher) Schwingungsvorgang durch einen anderen beeinflußt wird. In diesem Falle tritt an die Stelle der Gl. 1 die allgemeinere Differentialgleichung

$$\frac{d^2S}{dt^2} + k\frac{dS}{dt} + a^2 S = P \sin(p\,t)\,; \tag{3}$$

dabei sind P die Amplitude und $2\pi/p$ die Periode des „anregenden" Schwingungsvorgangs.

Der Vorgang, der durch die Differentialgleichung (3) beschrieben wird, setzt sich, wie aus den mathematischen Betrachtungen folgt, aus zwei Schwingungen zusammen. Die eine ist eine gedämpfte Schwingung, die so vor sich geht, als ob eine äußere Ursache gar nicht vorhanden wäre, und wird darum als Eigenschwingung bezeichnet. Die zweite Schwingung lagert sich über die allmählich „abklingende" Eigenschwingung und erfolgt mit der Periode der anregenden Schwingung. Sie wird darum als erzwungene Schwingung bezeichnet. Sie ist trotz der vorhandenen Dämpfung ungedämpft (solange die anregende Schwingung harmonisch verläuft), so daß also stets nach hinreichend großer Zeit die anfänglich vorhandene Eigenschwingung völlig unmerklich wird und nur mehr die erzwungene Schwingung beobachtbar bleibt.

Die Amplitude der erzwungenen Schwingung ergibt sich direkt proportional der anregenden Schwingung und erreicht ihren größten

Wert dann, wenn $p = a$ ist, wenn also die Periode der anregenden Schwingung mit derjenigen der Eigenschwingung übereinstimmt. Das starke Anwachsen der Amplitude in diesem Fall des „Mitschwingens“ wird als Resonanz bezeichnet; sie ist um so stärker, je geringer die Dämpfung ist. Gegenüber der anregenden zeigt die erzwungene Schwingung eine Phasenverschiebung, die um so größer ist, je geringer der Unterschied zwischen p und a ist. Im Falle vollkommener Resonanz wird sie gleich $\pi/2$, also einer Viertelperiode. Sonst ist die Phasenverschiebung um so größer, je stärker die Dämpfung ist.

§ 18. Die Wellen

Die Gleichung

$$S = \varphi\left(t \mp \frac{x}{v}\right), \tag{1}$$

in der φ eine beliebige Funktion des Klammerausdrucks bedeute, stellt den allgemeinen Ausdruck für eine ebene Welle dar, die mit einer Geschwindigkeit v in der x-Richtung fortschreitet, und zwar, je nachdem, ob das Minus- oder Pluszeichen gilt, in der Richtung zunehmender oder abnehmender x-Werte. Wenn im besonderen die Funktion φ (t) eine harmonische Schwingung darstellt, so ergibt sich nach Gl. 3 des § 16 die Wellengleichung in der Form

$$S = A \sin\left[\frac{2\pi}{\tau}\left(t \mp \frac{x}{v}\right) + \varepsilon\right]. \tag{2}$$

Bei einem Vorgang, der durch diese Gleichung beschrieben wird, kehrt an einer und derselben Stelle derselbe Zustand in Perioden von der Dauer τ wieder; er wiederholt sich aber auch für einen und denselben Augenblick längs der Fortpflanzungsrichtung der Welle (also in der x-Achse) in regelmäßigen Abständen von der „Wellenlänge“

$$\lambda = v\,\tau \tag{3}$$

(wie man ohne weiteres erkennt, indem man in Gl. 2 $t = 0$ setzt). Unter Benutzung der Gl. 3 kann die Gl. 2 auch in der Form geschrieben werden

$$S = A \sin\left[2\pi\left(\frac{t}{\tau} \mp \frac{x}{\lambda}\right) + \varepsilon\right]. \tag{4}$$

Die Superposition zweier Wellen von gleicher Amplitude, Periode und Phase, jedoch entgegengesetzter Fortpflanzungsrichtung ergibt einen Vorgang, der nach Gl. 4 durch die folgende Beziehung dargestellt wird:

$$S = A \sin\left[2\pi\left(\frac{t}{\tau} - \frac{x}{\lambda}\right)\right] + A \sin\left[2\pi\left(\frac{t}{\tau} + \frac{x}{\lambda}\right)\right]. \tag{5}$$

Nun ist aber nach einer bekannten trigonometrischen Formel

$$\sin(\alpha - \beta) + \sin(\alpha + \beta) = 2 \sin\alpha \cos\beta ,$$

und daher kann die Gl. 5 auch in der Form geschrieben werden

$$S = 2\,A \cos\frac{2\pi x}{\lambda} \sin\frac{2\pi t}{\tau}. \tag{6}$$

Durch diese Formel ist eine „stehende“ Welle dargestellt. In jedem Augenblick hat die Schwingung an allen Orten die gleiche Phase; hingegen weist die Amplitude, dargestellt durch

$$A' = 2\,A \cos\frac{2\pi x}{\lambda} , \tag{7}$$

längs der Geraden eine periodische Verschiedenheit auf. In Abständen von einer halben Wellenlänge folgen Schwingungsknoten aufeinander, in denen die Elongation ständig null ist, und ebenso in gleichem Abstand „Schwingungsbäuche“, an denen die Amplitude doppelt so groß ist wie in den beiden sich übereinander lagernden Wellen. Der Abstand eines Bauches von einem benachbarten Knoten beträgt stets eine Viertelwellenlänge.

Aus Gl. 4 folgt durch zweimalige partielle Differentiation

$$\frac{\partial^2 S}{\partial t^2} = -\frac{4\pi^2}{\tau^2} S , \quad \frac{\partial^2 S}{\partial x^2} = -\frac{4\pi^2}{\lambda^2} S \tag{8}$$

und somit

$$\frac{\partial^2 S}{\partial t^2} = \varkappa^2 \frac{\partial^2 S}{\partial x^2} , \tag{9}$$

wenn wir mit $\varkappa$ die Fortpflanzungsgeschwindigkeit der Welle bezeichnen. Umgekehrt hat daher jede Differentialgleichung von dieser Form eine Lösung in der Gestalt der Gl. 4 (mit $v = \varkappa$).

Mit der Gl. 9 ist eine andere partielle Differentialgleichung nahe verwandt, die in mehreren Zweigen der Physik eine große Rolle spielt. Sie hat die Form

$$\frac{\partial^2 S}{\partial t^2} = \varkappa^2 \Delta S , \tag{10}$$

(wobei Δ die LAPLACEsche Ableitung bedeutet; vgl. Gl. 4 des § 14). Mathematische Betrachtungen zeigen, daß sich im Falle der

Gültigkeit dieser Differentialgleichung von jedem beliebigen Punkte des betreffenden Gebietes eine Kugelwelle mit der Geschwindigkeit $\varkappa$ ausbreiten kann. Eine solche Welle erscheint dadurch definiert, daß in ihr die Amplitude der Schwingung umgekehrt proportional zu der Entfernung von der Ausgangsstelle ist und somit in allen Punkten einer um die Ausgangsstelle beschriebenen Kugelfläche für einen bestimmten Augenblick der Wert von S der gleiche ist.

Betrachten wir von dem zu einer Kugelwelle gehörigen Gebiete nur einen Teil, dessen lineare Dimensionen klein sind gegenüber der Entfernung dieses Teilgebietes von dem Zentrum der Kugelwelle, so können wir in diesem Gebiete die entsprechenden Stücke der Kugelflächen als eben ansehen. Wir können dann mit einer beliebigen Stelle als Ursprung ein Koordinatensystem derart konstruieren, daß die x-Achse die Richtung des Kugelradius hat, die y-z-Ebene also mit einem als eben anzusehenden Teile einer Kugelfläche zusammenfällt. Da auf der Kugelfläche der Wert von S für einen bestimmten Augenblick überall der gleiche ist, ist dann in bezug auf ein solches Koordinatensystem

$$\frac{\partial S}{\partial y} = \frac{\partial S}{\partial z} = 0 \tag{11}$$

und somit

$$\Delta S = \frac{\partial^2 S}{\partial x^2}. \tag{12}$$

Die Differentialgleichung (10) nimmt somit in diesem besonderen Falle die einfachere Form an

$$\frac{\partial^2 S}{\partial t^2} = \varkappa^2 \frac{\partial^2 S}{\partial x^2}.$$

Diese Gleichung ist aber nichts anderes als die Differentialgleichung einer ebenen Welle. Die ebenen Wellen, deren Name durch das zuletzt Gesagte verständlich erscheint, stellen somit einen Spezialfall der Kugelwellen dar.

Was für einen Skalar gilt, gilt natürlich auch in entsprechender Weise für einen Vektor. Es sei eine vektorielle Differentialgleichung von der Form gegeben

$$\Delta \mathfrak{A} = \frac{1}{\varkappa^2} \frac{\partial^2 \mathfrak{A}}{\partial t^2}. \tag{13}$$

Da wir diese Gleichung in drei skalare Gleichungen auflösen können (für A_x, A_y, A_z), so folgt aus dem Bestehen der Gl. 13

stets die Möglichkeit einer wellenförmigen Ausbreitung des Vektors $\mathfrak{A}$; der Vektor führt dabei im allgemeinen eine elliptische Schwingung aus, die im besonderen aber auch zirkular oder linear sein kann.

Falls diese Wellen eben sind, so kommt ihnen eine besonders einfache Eigenschaft in dem speziellen Falle zu, daß

(14) $$\operatorname{div} \mathfrak{A} = 0$$

ist. Wenn wir die Fortpflanzungsrichtung als x-Achse wählen, müssen nämlich nach Gl. 11 $\partial A_y/\partial y$ und $\partial A_z/\partial z$ verschwinden, und zufolge der Gl. 14 verschwindet dann auch der partielle Differentialquotient $\partial A_x/\partial x$; es wird daher dann auch

(15) $$\Delta A_x = 0\,.$$

Ist dies aber der Fall, so muß nach Gl. 13 auch

(16) $$\frac{\partial^2 A_x}{\partial t^2} = 0$$

sein. Die x-Komponente des Vektors beteiligt sich also dann überhaupt nicht an dem Schwingungsvorgang. Die Schwingungen erfolgen senkrecht zu der durch die x-Achse bestimmten Fortpflanzungsrichtung der Welle. Die ebenen Wellen eines Vektors mit verschwindender Divergenz sind also stets rein transversal.

Viertes Kapitel

Die Bewegung deformierbarer Körper

§ 19. Spannung und Deformation

Auch einen deformierbaren Körper kann man sich ähnlich wie einen starren Körper unter dem Bilde eines Systems diskreter Massenpunkte vorstellen, muß jedoch die spezielle Forderung der Unveränderlichkeit der inneren Entfernungen fallen lassen und sie durch allgemeinere Forderungen ersetzen; diese allgemeineren Postulate müssen die Tatsache ausdrücken, daß die einzelnen Massenpunkte untereinander nicht isoliert sind, sondern in ihrer Gesamtheit einen zusammenhängenden Körper darstellen.

Man nimmt deshalb zunächst an, daß die Massenpunkte so dicht beisammen sind, daß, wenn P ein beliebiger geometrischer Punkt innerhalb des von dem deformierbaren Körper erfüllten Raumes ist, die Entfernungen von dem Punkte P bis zu den in seiner unmittelbaren Nachbarschaft befindlichen Massenpunkten noch immer sehr klein sind gegenüber den Strecken, die man bei den theoretischen Untersuchungen bei dem verlangten Grade von Genauigkeit noch als Differentiale der Koordinaten (dx, dy, dz) ansehen kann. Ein System von Massenpunkten, das diese Bedingung erfüllt, wird als eine kontinuierlich verbreitete Masse bezeichnet.

Grenzt man nun um den Punkt P ein Volumen ab, dessen lineare Dimensionen man von der Größenordnung der Koordinatendifferentiale wählt, so muß dieses Volumen eine so große Anzahl von Massenpunkten enthalten, daß der Quotient aus der gesamten Masse aller in dem Volumen enthaltenen materiellen Punkte und aus dem Volumen selbst als von der Größe des Volumens unabhängig angesehen werden darf. Man bezeichnet diesen Quotienten als die Dichte des deformierbaren Körpers an der betreffenden Stelle, wobei aber zu beachten ist, daß sich der Wert der Dichte auch an einer und derselben Stelle mit der Zeit ändern kann.

An die erste Forderung der kontinuierlichen Massenverbreitung reiht sich nun als zweite die der kontinuierlichen Bewegung. Die kontinuierlich verbreitet gedachte Masse soll sich nämlich so bewegen, daß durch die Bewegung weder Risse in dem Innern des Körpers entstehen noch auch Teile sich ineinander schieben können. Dies ist nur dann ausgeschlossen, wenn die Geschwindigkeit innerhalb der kontinuierlich verbreiteten Masse eine stetige, differentiierbare Funktion des Ortes darstellt; da überdies die Geschwindigkeit jedes einzelnen Massenteilchens (wie überhaupt die jedes materiellen Punktes) als stetige, differentiierbare Funktion der Zeit anzusehen ist, so erscheint die Geschwindigkeit innerhalb eines deformierbaren Körpers als stetige, differentiierbare Funktion von insgesamt vier unabhängigen Veränderlichen, nämlich von x, y, z und t.

Die Kräfte, die an einem innerhalb des deformierbaren Körpers abgegrenzten Volumen angreifen, zerfallen nun in zwei Gruppen. Die erste Gruppe bilden die Kräfte, die, wie z. B. die Schwerkraft, für den ganzen Körper, nicht nur für das abgegrenzte Volumen äußere Kräfte darstellen. Die zweite Gruppe von Kräften, die an dem abgegrenzten Volumen von außen her angreifen, wird von denjenigen Kräften gebildet, die zwar für das abgegrenzte Volumen äußere, für den Körper als ganzen jedoch innere Kräfte darstellen. Nennen wir nämlich die Massenpunkte, die in dem abgegrenzten Volumen liegen, kurz die Massenpunkte I und diejenigen, die in dem deformierbaren Körper außerhalb des abgegrenzten Volumens liegen, kurz die Massenpunkte II, so wird die zweite Gruppe durch diejenigen Kräfte gebildet, die auf die Massenpunkte I seitens der Massenpunkte II ausgeübt werden.

Bezüglich dieser Kräfte verlangt nun ein drittes, das Bild des deformierbaren Körpers vervollständigendes Postulat, daß sie nur bis zu solchen Entfernungen wirksam sein sollen, die von der Größenordnung des Abstandes zweier benachbarter Massenpunkte sind. In größeren Entfernungen sollen hingegen diese Zentralkräfte nicht mehr zur Geltung kommen; sie müssen infolgedessen nach dem früher Gesagten auch bereits in solchen Entfernungen unwirksam sein, die von der Größenordnung solcher Strecken sind, die man als Differentiale der Koordinaten anzusehen berechtigt ist.

Ist nun dies der Fall, so reduziert sich die ganze Wirkung, die die Massenpunkte II auf die Massenpunkte I ausüben, auf die Wirkung, die die unmittelbar an der Begrenzungsfläche liegenden Massenpunkte II auf solche an der Begrenzungsfläche liegende Massenpunkte I ausüben, die ihnen gegenüber liegen und ihnen unmittelbar benachbart sind.

Wir wollen nun innerhalb eines deformierbaren Körpers eine bestimmte Stelle ins Auge fassen, ein Koordinatensystem errichten und sodann mit $\mathfrak{P}_1$, $\mathfrak{P}_2$, $\mathfrak{P}_3$ die auf die Flächeneinheit bezogenen Zugkräfte bezeichnen, die auf ein an dieser Stelle befindliches Flächenelement wirken, wenn dessen nach außen gerichtete Flächennormale die Richtung der positiven x- oder y- oder z-Achse hat. Die Komponenten des Vektors $\mathfrak{P}_1$ mögen mit p_{xx}, p_{xy}, p_{xz} bezeichnet werden, die des Vektors $\mathfrak{P}_2$ mit p_{yx}, p_{yy}, p_{yz} und die des Vektors $\mathfrak{P}_3$ mit p_{zx}, p_{zy}, p_{zz}. Es läßt sich dann zeigen, daß die neun Größen p die Komponenten eines symmetrischen Tensors sind, der als die Spannung bezeichnet wird. Die Tensorkomponenten erster Art heißen Normalspannungen, diejenigen zweiter Art Tangentialspannungen.

Die Komponenten der Spannung sind nun, wie sich zeigen läßt, bei dem Fehlen äußerer Kräfte mit den zeitlichen Differentialquotienten der Geschwindigkeitskomponenten durch die Beziehung verknüpft

$$\varrho \frac{\partial v_x}{\partial t} = \frac{\partial p_{xx}}{\partial x} + \frac{\partial p_{xy}}{\partial y} + \frac{\partial p_{xz}}{\partial z}, \tag{1}$$

zu der zwei analoge Beziehungen hinzukommen und wobei ϱ die Dichte bedeutet. Ferner läßt sich aus dem Prinzip der Erhaltung der Masse, wonach Masse weder entstehen noch vergehen kann, die sogenannte Kontinuitätsgleichung in der Form ableiten:

$$\operatorname{div}(\varrho \mathfrak{v}) + \frac{\partial \varrho}{\partial t} = 0; \tag{2}$$

dabei ist unter $\partial\varrho/\partial t$ die Änderung verstanden, die die Dichte im Laufe der Zeit an einer und derselben Stelle erfährt, also die sogenannte lokale Änderung der Dichte.

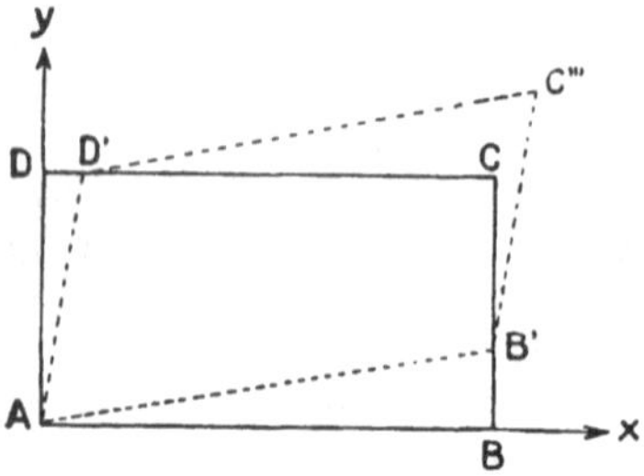

Fig. 7

Endlich läßt sich zeigen, daß die Bewegung eines kleinen Bereiches innerhalb eines deformierbaren Körpers stets aufgefaßt werden kann als Superposition von drei Bewegungen. Die erste ist eine Translation des Bereiches, die zweite ist eine Drehung, bei der der Bereich wie ein starrer Körper ein Stück einer Rotation ausführt. Die dritte Bewegung stellt die reine Deformation dar, die im allgemeinen als eine Dehnung längs den Koordinatenachsen und eine Scherung entlang den Koordinatenebenen aufgefaßt werden kann. Unter Dehnung längs einer Koordinatenachse, z. B. der x-Achse, ist dabei ein Vorgang verstanden, bei dem alle Massenpunkte eine Vergrößerung ihrer x-Koordinate erfahren, die der x-Koordinate selbst proportional ist (bei einer Verkleinerung der Koordinaten spricht man von einer Kontraktion). Unter Scherung in der x-y-Ebene versteht man hingegen einen Vorgang, bei dem sich jedes kleine, in der x-y-Ebene parallel zu den Koordinatenachsen konstruierte Rechteck in ein schiefes Rhomboid verwandelt (Fig. 7).

§ 20. Die ideale Flüssigkeit

Eine ideale Flüssigkeit kann als ein deformierbarer Körper definiert werden, der keine bestimmte Form besitzt, so daß Änderungen seiner Gestalt, die nicht zugleich mit einer Änderung des Volumens verbunden sind, keine Arbeit erfordern. Denken wir uns nun eine ganz beliebige, kontinuierlich verbreitete Masse in lauter ganz kleine Würfel zerlegt (deren Ebenen den Koordinatenebenen eines Systems parallel seien), so können wir uns eine ohne Volumänderung erfolgende Formänderung des Körpers (etwa wie bei einem Haufen von Sandkörnern) derart zustande gebracht denken, daß sich diese Würfelelemente gegeneinander verschieben. Da diese Verschiebungen parallel den Würfelflächen, also senkrecht zu den Normalspannungen erfolgen, so kann die Arbeit, die bei einer solchen Formänderung eines deformierbaren Körpers verrichtet wird, nur von den Tangentialspannungen herrühren. Nach der Definition müssen demnach für eine ideale Flüssigkeit für jedes Koordinatensystem die Tangentialspannungen verschwinden. Dies bedeutet, da dann jede Richtung eine Hauptachse des Spannungstensors darstellt, daß für eine ideale Flüssigkeit das Spannungsellipsoid zu einer Kugel wird. Die drei Tensorkomponenten müssen für jedes beliebige Koordinatensystem denselben Wert haben, der mit entgegengesetztem Vorzeichen den Flüssigkeitsdruck darstellt. Für eine ideale Flüssigkeit nehmen die allgemeinen Bewegungsgleichungen des deformierbaren Körpers, wie sich zeigen läßt, die Form der sogenannten EULERschen hydrodynamischen Grundgleichungen an, nämlich

$$\frac{\partial v_x}{\partial t} + v_x \frac{\partial v_x}{\partial x} + v_y \frac{\partial v_x}{\partial y} + v_z \frac{\partial v_x}{\partial z} = -\frac{1}{\varrho}\frac{\partial p}{\partial x} + K_x \,, \tag{1}$$

wozu zwei analoge Gleichungen kommen; dabei bedeuten alle partiellen Differentialquotienten die lokalen Änderungen der betreffenden Größe, p ist der Flüssigkeitsdruck und $\mathfrak{K}$ die auf die Volumeinheit wirkende äußere Kraft.

Die Kontinuitätsgleichung nimmt für inkompressible Flüssigkeiten, also praktisch für fast alle Flüssigkeiten mit Ausnahme der Gase, die einfache Form an:

$$\operatorname{div} \mathfrak{v} = 0 \,. \tag{2}$$

Durch diese Gleichung und die EULERschen erscheinen vier unbekannte Größen miteinander verknüpft, nämlich v_x, v_y, v_z und p.

Wenn die Flüssigkeit inkompressibel ist und die Kraft $\mathfrak{K}$ ein Potential besitzt, so läßt sich mit den hydrodynamischen Gleichungen, wie HELMHOLTZ (1858) zeigte, eine wichtige Transformation vornehmen. Setzen wir zur Abkürzung

$$\tfrac{1}{2} \operatorname{rot} \mathfrak{v} = \mathfrak{w} \,, \tag{3}$$

so ergibt die Transformation drei Gleichungen von folgender Form:

$$\frac{d w_x}{d t} = w_x \frac{\partial v_x}{\partial x} + w_y \frac{\partial v_x}{\partial y} + w_z \frac{\partial v_x}{\partial z} \tag{4}$$

usw. Eine Bewegung, bei der die Flüssigkeit wie ein starrer Körper rotiert, wird nun als Wirbelbewegung bezeichnet und ihre Winkelgeschwindigkeit, die sich zu $\frac{1}{2}$ rot $\mathfrak{v}$ ergibt, als die Wirbelgeschwindigkeit. Von einem Flüssigkeitsteilchen, für das der Vektor $\mathfrak{w}$ einen von null verschiedenen Wert annimmt, sagt man daher, daß es wirble. Aus den von HELMHOLTZ gewonnenen Gleichungen erkennt man nun ohne weiteres, daß ein Flüssigkeitsteilchen, das nicht bereits von Anfang an wirbelt, auch im Verlaufe der Zeit nicht zu wirbeln beginnen kann. Umgekehrt kann, wie ebenfalls aus den Gleichungen folgt, ein Teilchen, das einmal wirbelt, nie zu wirbeln aufhören. In einer idealen inkompressiblen Flüssigkeit, auf die nur solche äußere Kräfte wirken, die ein Potential besitzen (wie Schwerkräfte), kann daher eine Wirbelbewegung weder entstehen, noch, wenn sie einmal vorhanden ist, vergehen. Auch läßt sich zeigen, daß Wirbelfäden in einer Flüssigkeit nicht beginnen oder enden können und daß entlang einem solchen Faden das Produkt aus dem Querschnitt des Fadens und der Wirbelgeschwindigkeit konstant sein muß.

Eine wirbelfreie Bewegung einer Flüssigkeit wird als Strömung bezeichnet. Von einer stationären Strömung spricht man, wenn

$$\frac{\partial \mathfrak{v}}{\partial t} = 0 \tag{5}$$

ist, wenn sich also der Wert des Geschwindigkeitsvektors an einer beliebigen Stelle nicht mit der Zeit ändert. Für eine stationäre Strömung wird, wie sich zeigen läßt,

$$p = p_0 - \frac{\varrho v^2}{2}, \tag{6}$$

wobei p_0 den hydrostatischen Druck (nämlich den Druck für $v = 0$), p hingegen den hydraulischen Druck darstellt; letzterer kann also bei Überschreiten einer bestimmten kritischen Geschwindigkeit auch negativ werden.

§ 21. Das elastische Medium

In wirklichen Körpern bringt nach dem sogenannten HOOKEschen Gesetz jeder Zug eine diesem Zuge proportionale Dehnung in der Richtung des Zuges hervor. Hat die durch den Zug erzeugte

Verschiebung die Komponenten ξ, η, ζ, und wirkt in der x-Richtung ein Zug p_1, so ist nach dem HOOKEschen Gesetz

$$\frac{\partial \xi}{\partial x} = \frac{p_1}{E}, \tag{1}$$

wobei E als der Elastizitätsmodul (oder YOUNGscher Modul) bezeichnet wird.

NAVIER ergänzte das HOOKEsche Gesetz durch die Feststellung, daß mit jeder Dehnung in allen zu der Dehnung senkrechten Richtungen eine Querkontraktion verbunden ist, die wiederum der Dehnung proportional ist. Es ist also

$$\frac{\partial \eta}{\partial y} = \frac{\partial \zeta}{\partial z} = -\frac{k\,p_1}{E}, \tag{2}$$

wobei k als Koeffizient der Querkontraktion oder als POISSONsche Konstante bezeichnet wird (k liegt für die meisten Substanzen zwischen $^1/_4$ und $^1/_2$).

Eine kontinuierlich verbreitete Masse, innerhalb deren die Hauptspannungen an jeder Stelle Dehnungen und Querkontraktionen gemäß den Gesetzen von HOOKE und NAVIER hervorbringen, wird nun als ein elastisches Medium definiert. Das Verhalten eines solchen wird also durch ein Gleichungstripel von der Form beschrieben:

$$\frac{\partial \xi}{\partial x} = \frac{1}{E}(p_1 - k\,p_2 - k\,p_3) \quad \text{usw.} \tag{3}$$

Die Verknüpfung dieser Beziehungen mit den allgemeinen Bewegungsgleichungen des deformierbaren Körpers führt zu den speziellen Bewegungsgleichungen des elastischen Mediums. Aus ihnen folgt, daß sich in einem solchen Medium elastische Wellen von zweierlei Art ausbreiten können. Bei der einen Art von Wellen, den sogenannten Transversalwellen, bewegen sich die Massenteilchen senkrecht zu der Fortpflanzungsrichtung der Wellen, deren Ausbreitungsgeschwindigkeit durch die Formel gegeben ist

$$v_t = \sqrt{\frac{\mu}{\varrho}}, \quad \text{wobei} \quad \mu = \frac{E}{2(1+k)}. \tag{4}$$

Bei der anderen Art von Wellen, den sogenannten Longitudinalwellen, erfolgen die Schwingungen der Massenteilchen in der Fortpflanzungsrichtung der Wellen; die Wellengeschwindigkeit ist größer als bei den Transversalwellen und beträgt

$$v_l = \sqrt{\frac{2\mu + \lambda}{\varrho}}, \quad \text{wobei} \quad \lambda = \frac{2\mu k}{1-2k}. \tag{5}$$

Während entlang einer Longitudinalwelle Verdichtungen und Verdünnungen des Mediums auftreten, sind die Transversalwellen von derartigen „Dilatationen" frei.

Aus den elastizitätstheoretischen Gleichungen läßt sich nun ableiten, daß für solche Medien, für die stets die Tangentialspannungen verschwinden — und das sind die Flüssigkeiten und Gase — auch die Größe μ stets verschwinden muß. In Flüssigkeiten und Gasen, also z. B. in Wasser und Luft, können daher nur Longitudinalwellen auftreten. In festen Körpern sind im allgemeinen sowohl longitudinale als auch transversale Wellen möglich; doch können sich in inkompressiblen festen Körpern nur Transversalwellen ausbreiten.

Zweiter Teil

THEORIE DES ELEKTROMAGNETISCHEN FELDES UND DES LICHTES

Fünftes Kapitel

Elektrizität und Magnetismus

§ 22. Das elektrostatische Feld

Ist eine punktförmige elektrische Ladung von der Größe e gegeben, so kann gemäß dem bekannten COULOMBschen Gesetz jedem Punkte ihrer Umgebung als elektrische Feldstärke ein Vektor zugeordnet werden, dessen Betrag gleich ist

$$E = \frac{e}{r^2} \tag{1}$$

und der die Richtung der Strecke r hat, die man von der Ladung zu dem Punkte zieht. Denken wir uns nämlich in dem Punkte probeweise eine zweite (schwache) Ladung e' angebracht, so ergibt das Produkt $E\,e'$ richtig diejenige Kraft, die zwischen den beiden Ladungen gemäß dem COULOMBschen Gesetz wirkt[1].

Aus Gl. 1 läßt sich nun mittels rein mathematischer Überlegungen eine Reihe von Sätzen ableiten, die für das elektrostatische Feld Geltung besitzen. Zunächst läßt sich zeigen, daß das über eine geschlossene Fläche erstreckte Flächenintegral der Normalkomponente der elektrischen Feldstärke, der sogenannte elektrische Kraftfluß durch diese Fläche, entweder gleich ist $4\pi e$ oder 0, je nachdem ob die Fläche die Ladung e umschließt oder nicht. Im ersten Falle gilt also die Beziehung

$$\int E_n \, df = 4\pi e\,. \tag{2}$$

Gehen wir nun von der Betrachtung einer punktförmigen Ladung zu der Betrachtung einer kontinuierlichen Ladungs-

[1] Die Probeladung wird deshalb schwach angenommen, damit nicht eine Beeinflussung von e durch e' berücksichtigt werden muß.

verteilung über, so folgt, wenn ϱ die Ladungsdichte und $d\tau$ ein Volumelement ist,

(3) $$\int E_n \, df = 4\pi \int \varrho \, d\tau \, ,$$

wobei das Volumintegral über das ganze von der Fläche umschlossene Volumen zu erstrecken ist. Andererseits ist nach dem Satz von Gauss (Gl. 1 des § 15)

(4) $$\int E_n \, df = \int \operatorname{div} \mathfrak{E} \, d\tau \, ,$$

so daß ein Vergleich der letzten zwei Gleichungen die wichtige Beziehung ergibt

(5) $$\operatorname{div} \mathfrak{E} = 4\pi \varrho \, .$$

Es läßt sich weiter zeigen, daß die elektrische Feldstärke als negativer Gradient eines elektrischen Potentials darstellbar ist. Bezeichnen wir dieses mit Ψ, so ist somit

(6) $$\mathfrak{E} = -\operatorname{grad} \Psi$$

(also $E_x = -\partial \Psi / \partial x$ usw.) und daher nach Gl. 5 des § 14

(7) $$\operatorname{rot} \mathfrak{E} = 0.$$

Auf Grund der Gl. 4 des § 14 lassen sich die Gl. 5 und 6 auch zu der sogenannten Laplace-Poissonschen Gleichung vereinigen

(8) $$\Delta \Psi = -4\pi \varrho \, .$$

Ferner läßt sich zeigen, daß in einem durch kontinuierlich verteilte Ladung erzeugten Felde überall eine Energiedichte im Betrage

(9) $$\eta = \frac{E^2}{8\pi}$$

besteht. Endlich läßt sich deduzieren, daß im elektrostatischen Felde ähnlich wie in einem elastischen Medium eine elektrostatische Spannung herrscht. Es besteht ein Zug in der Richtung der elektrischen Feldstärke und ein gleich großer Druck quer dazu, wobei im Betrage Zug und Druck der Energiedichte gleich sind.

Die als Leiter oder Konduktoren bekannten Körper haben die Eigentümlichkeit, daß sich in ihnen etwa vorhandene Potentialunterschiede sofort ausgleichen. Sie erscheinen somit in der

Theorie durch die Bedingung definiert, daß innerhalb ihrer das Potential konstant und somit nach Gl. 6 und 8

$$(10) \qquad \mathfrak{E} = \varrho = 0$$

ist. Im Innern eines Leiters sind demnach elektrische Ladungen unmöglich; der Leiter kann nur dann mit Elektrizität geladen sein, wenn die Ladung auf der Oberfläche verteilt ist.

Für das Potential eines Konduktors ergibt sich, wenn wir die Oberflächendichte der Elektrizität mit σ bezeichnen, der Wert

$$(11) \qquad \Psi = \int \frac{\sigma\, df}{r}.$$

Für die potentielle Energie ergeben die Berechnungen den Wert

$$(12) \qquad V = \tfrac{1}{2} \Psi Q,$$

wenn Q die gesamte Ladung des Konduktors ist. Auf Grund rein mathematischer Betrachtungen kann ferner gezeigt werden, daß die von einem Konduktor erzeugte elektrische Feldstärke die Richtung der nach außen weisenden Normalen und einen Betrag $4\pi\sigma$ hat. Ganz allgemein besteht zwischen den Werten der Normalkomponente der elektrischen Feldstärke zu beiden Seiten einer geladenen Fläche eine Differenz von $4\pi\sigma$. Die Normalkomponente der Feldstärke erfährt, wie man sagt, bei dem Durchsetzen einer geladenen Fläche einen Sprung um $4\pi\sigma$, während die Tangentialkomponente die geladene Fläche stetig durchsetzt, d. h. keine Verschiedenheit des Wertes zu beiden Seiten aufweist.

§ 23. Das elektromagnetische Feld

Da das Coulombsche Gesetz, wie die Erfahrung zeigt, in ähnlicher Weise wie für elektrisch geladene Körper auch für magnetische Pole gilt, so kann der Elektrizitätsmenge eine Magnetismusmenge und der elektrischen eine magnetische Feldstärke ($\mathfrak{H}$) zur Seite gestellt werden. Das Experiment zeigt indessen, daß es unmöglich ist, Bruchstücke eines Magneten herzustellen, für die die algebraische Summe des darin enthaltenen Magnetismus einen anderen Wert als null hätte. Die Betrachtung des magnetischen Feldes muß daher von zwei miteinander verbundenen, gleich großen, aber entgegengesetzten, punktförmig gedachten Polen ausgehen. Einem solchen „Elementarmagneten" kann ein Moment in einem Betrage zugeschrieben werden, der das

Produkt aus dem Polabstand und der Magnetismusmenge eines Pols darstellt.

Die elektrisch geladene Fläche findet dann ihr Analogon in einer magnetischen Doppelschichte, der man eine bestimmte Momentendichte zuschreiben kann. Mathematische Betrachtungen führen zu dem einfachen Ergebnis, daß das magnetische Potential, das eine solche Doppelschichte in einem Punkte ihrer Umgebung erzeugt, gleich ist dem Produkt aus der Momentendichte und dem räumlichen Winkel[1], unter dem von dem Punkte aus die Doppelschichte erscheint.

Wie die Erfahrung zeigt, ruft nun auch ein geschlossener elektrischer Strom in seiner Umgebung ein Magnetfeld hervor. Für dieses ergibt sich die richtige Beschreibung, wenn man sich durch den Strom eine magnetische Doppelschichte umgrenzt denkt, deren Momentendichte gleich ist dem Quotienten aus der Stromstärke und einer universellen Konstanten, der sogenannten elektromagnetischen Konstanten, die sich als eine Geschwindigkeit von $3 \cdot 10^{10}$ cm/sec ergibt[2]. Unter der Stromstärke ist dabei diejenige Elektrizitätsmenge zu verstehen, die in einer Sekunde durch den Querschnitt des Leiters hindurchgeht.

Auf Grund des angegebenen Erfahrungssatzes findet man durch rein mathematische Überlegungen für die magnetische Feldstärke, die ein geschlossener elektrischer Strom in einem Punkte seiner Umgebung erzeugt, den Wert

$$\mathfrak{H} = \frac{J}{c} \operatorname{rot} \int \frac{d\mathfrak{s}}{r} . \tag{1}$$

Dabei bedeuten J die Stromstärke, c die elektromagnetische Konstante, $d\mathfrak{s}$ das vektoriell aufgefaßte Element des Stromleiters und r den Abstand dieses Elementes von dem betrachteten Punkte der Umgebung. Das Integral selbst wird als das Kurvenpotential des Stromleiters bezeichnet. Gl. 1 stellt, wie nur nebenbei bemerkt sei, die Integralform des bekannten Gesetzes von Biot und Savart dar.

Da nach Gl. 6 des § 14 die Divergenz eines jeden Vektors verschwinden muß, der seinerseits die Rotation eines andern Vektors darstellt, so folgt aus Gl. 1 die wichtige Beziehung

$$\operatorname{div} \mathfrak{H} = 0 . \tag{2}$$

[1] Der Raumwinkel ist durch das Flächenstück bestimmt, das aus einer Kugel vom Radius Eins herausgeschnitten wird; ein voller Raumwinkel ist 4π.

[2] Ihre Messung ist zuerst Weber und Kohlrausch (1856) gelungen.

Setzen wir zur Abkürzung

(3) $$\int \frac{d\mathfrak{s}}{r} = \mathfrak{P},$$

so folgt mittels rein mathematischer Überlegungen die Beziehung

(4) $$J \operatorname{rot} \operatorname{rot} \mathfrak{P} = 4\pi \mathfrak{i},$$

wenn $\mathfrak{i}$ den Vektor der sogenannten Stromdichte bedeutet. Dieser hängt mit J dadurch zusammen, daß er in seinem Betrage gleich ist der Stromstärke, dividiert durch den Leiterquerschnitt, und daß seine Richtung mit der Bewegungsrichtung der Elektrizität zusammenfallen oder ihr entgegengesetzt sein soll, je nachdem ob die bewegte Elektrizität positiv oder negativ ist. Aus Gl. 1 folgt somit bei Berücksichtigung von Gl. 4 die Formel

(5) $$\operatorname{rot} \mathfrak{H} = \frac{4\pi}{c} \mathfrak{i}.$$

Diese sehr wichtige Beziehung wird gewöhnlich als die erste Hauptgleichung des elektromagnetischen Feldes bezeichnet.

Betrachten wir nun eine Kurve, die den Stromleiter einmal umschlingt, so ist das Linienintegral der magnetischen Feldstärke längs dieser Kurve nach dem Satze von Stokes (§ 15)

(6) $$\int \mathfrak{H}\, d\mathfrak{s} = \int \operatorname{rot}_n \mathfrak{H}\, df^*,$$

wenn wir unter $d\mathfrak{s}$ das Element der den Stromleiter umschlingenden Kurve verstehen und unter df^* das Element einer von dieser Kurve umschlossenen Fläche. Setzen wir auf der rechten Seite der Gl. 6 für die Rotation der magnetischen Feldstärke den Wert aus Gl. 5 ein, so finden wir

(7) $$\int \mathfrak{H}\, d\mathfrak{s} = \frac{4\pi}{c} \int i_n\, df^*.$$

Nun ist aber das Flächenintegral der Normalkomponente der Stromdichte nichts anderes als die Elektrizitätsmenge, die in der Zeiteinheit die Fläche passiert; und das ist, weil ja die Elektrizität nur in dem Leiter fließt, die Stromstärke J. Der Quotient aus J und c wird als die „Stromstärke in elektromagnetischem Maß" bezeichnet. Infolgedessen kann die Gl. 7 auch in der Form ausgesprochen werden, daß die Arbeit, die bei dem einmaligen Herumführen eines Einheitspoles um einen Strom verrichtet wird, gleich ist der mit 4π multiplizierten elektromagnetisch gemessenen

Stromstärke. Diese Beziehung stellt natürlich nur eine andere Form der „ersten Hauptgleichung" dar.

Mathematische Überlegungen ergeben auf Grund der benutzten physikalischen Prinzipe für die potentielle Energie, die einem geschlossenen Strom in einem Magnetfeld zukommt, den Wert

$$V = -\frac{J}{c}\int H_n\, df\,; \tag{8}$$

d. h. es ist (vgl. Gl. 2 des § 22) die potentielle Energie entgegengesetzt gleich dem Produkt aus der elektromagnetisch gemessenen Stromstärke und dem magnetischen Kraftfluß durch die Stromfläche.

Eine Umformung der Gl. 8 führt zu dem von AMPÈRE im Jahre 1820 aufgestellten Gesetz, wonach zwei parallele Stromelemente in einer Entfernung r aufeinander mit einer Kraft wirken, die die Richtung der Verbindung und einen Betrag

$$dK = \frac{JJ'}{c^2}\,\frac{ds\,ds'}{r^2} \tag{9}$$

hat, wobei Anziehung oder Abstoßung herrscht, je nachdem ob die beiden Stromelemente gleich oder entgegengesetzt gerichtet sind.

§ 24. Die Induktionsströme

Ändert sich der magnetische Kraftfluß, der durch die Fläche eines Stromleiters hindurchgeht, so bedeutet dies nach Gl. 8 des § 23 stets zugleich eine Änderung an potentieller Energie; diese Änderung findet, wie die Erfahrung zeigt, ihr Äquivalent in dem Entstehen eines Induktionsstroms in dem Stromleiter. Die quantitativen Gesetzmäßigkeiten, die für diese Erfahrungstatsache gelten, ergeben sich aber nun sehr einfach mittels des Satzes von der Erhaltung der Energie. Nach diesem Satze muß offenbar die Arbeit, die der induzierte Strom in einem Zeitelement dt leistet, der Änderung gleich sein, die in dem Zeitelement die potentielle Energie erfährt. Woferne wir den Induktionsstrom als stationär, seine Stärke also als konstant ansehen, ist die Änderung der potentiellen Energie (nach Gl. 8 des § 23)

$$dV = -\frac{J}{c}\,dt\,\frac{d}{dt}\int H_n\, df\,. \tag{1}$$

Dabei muß die Normale einen solchen Richtungssinn haben, daß, von ihrer Spitze gesehen, der Induktionsstrom entgegengesetzt dem Uhrzeiger fließt.

Andererseits ist aber dV gleich der von dem Strome in dem Zeitelement dt geleisteten Arbeit. Nun ist die Arbeit, die bei der einmaligen Herumführung einer elektrischen Ladung e im Stromkreis geleistet wird, natürlich $e\int \mathfrak{E}\, d\mathfrak{s}$, wenn $\mathfrak{E}$ die elektrische Feldstärke bedeutet. Daher ist die Arbeit, die ein Strom in der Zeiteinheit verrichtet, gleich $J\int \mathfrak{E}\, d\mathfrak{s}$, und somit wird

$$dV = J\, dt \int \mathfrak{E}\, d\mathfrak{s}\,. \tag{2}$$

Ein Vergleich der Gl. 1 und 2 ergibt daher die wichtige Beziehung:

$$\int \mathfrak{E}\, d\mathfrak{s} = -\frac{1}{c}\,\frac{d}{dt}\int H_n\, df\,. \tag{3}$$

Die linke Seite stellt die induzierte elektromotorische Kraft dar; denn da $\mathfrak{E}$ der Gradient des elektrischen Potentials ist, bedeutet das Produkt $\mathfrak{E}\, d\mathfrak{s}$ den Potentialunterschied entlang dem Kurvenelement $d\mathfrak{s}$. Bis auf einen Proportionalitätsfaktor ist also nach Gl. 3 die induzierte elektromotorische Kraft gleich der auf die Zeiteinheit bezogenen Änderung des magnetischen Kraftflusses durch die Leiterfläche. Dieses sogenannte Induktionsgesetz wurde im Jahre 1845 von Franz Neumann aufgestellt, nachdem die Erscheinung der Induktionsströme von Faraday im Jahre 1831 entdeckt worden war.

Eine besonders einfache Form nimmt die Gl. 3 in dem speziellen Fall an, daß die Stromfläche ruht und starr ist. Dann kann in Gl. 1 der totale zeitliche Differentialquotient durch einen partiellen ersetzt werden, und weiterhin kann dann auch die Reihenfolge der beiden voneinander unabhängigen Rechenoperationen der partiellen zeitlichen Differentiation und der Flächenintegration vertauscht werden. Es wird also dann

$$\frac{d}{dt}\int H_n\, df = \int \frac{\partial H_n}{\partial t}\, df\,. \tag{4}$$

Andererseits ist nach dem Satze von Stokes

$$\int \mathfrak{E}\, d\mathfrak{s} = \int \mathrm{rot}_n\, \mathfrak{E}\, df\,. \tag{5}$$

Setzen wir in die Gl. 3 die Werte aus den Gl. 4 und 5 ein, so ergibt sich, weil die nun erhaltene Gleichung für jede beliebige Gestalt und Lage der Stromfläche erfüllt sein muß, die wichtige Beziehung

$$\text{rot}\,\mathfrak{E} = -\frac{1}{c}\frac{\partial \mathfrak{H}}{\partial t}\,; \tag{6}$$

diese Beziehung wird als die zweite Hauptgleichung des elektromagnetischen Feldes bezeichnet.

§ 25. Die Selbstinduktion

Jede Änderung der Stromstärke in einem Leiter ändert auch den durch die Fläche des Leiters hindurchgehenden magnetischen Kraftfluß und bringt somit nach dem Induktionsgesetz eine als Selbstinduktion bezeichnete Wirkung hervor. Die hierbei induzierte elektromotorische Kraft kann gleich gesetzt werden $-L\,dJ/dt$, wobei L den Selbstinduktionskoeffizienten darstellt. Bei seiner Berücksichtigung nimmt daher das bekannte Ohmsche Gesetz die Form an

$$K = RJ + L\frac{dJ}{dt}\,, \tag{1}$$

wenn K die ursprünglich vorhandene elektromotorische Kraft und R der Widerstand sind.

Der bei dem Schließen oder Öffnen eines Stromkreises durch Selbstinduktion entstehende Induktionsstrom wird als Extrastrom bezeichnet. Er tritt, wie man durch Integration der Gl. 1 findet, um so stärker in Erscheinung, je kleiner der Widerstand und je größer der Selbstinduktionskoeffizient sind.

Auch auf Wechselströme läßt sich die Gl. 1 anwenden, indem man in ihr die Größe K durch den Ausdruck $K_0 \sin(2\pi\nu t)$ ersetzt, wobei ν die Frequenz des Wechselstroms und K_0 der Scheitelwert der Wechselspannung ist. Durch Integration der Gl. 1 findet man, daß der Wechselstromwiderstand R' den Ohmschen Widerstand R überragt; es ist

$$R' = \sqrt{R^2 + 4\pi^2\nu^2 L^2}\,. \tag{2}$$

Hinter der Wechselspannung bleibt der Wechselstrom, wie man ebenfalls aus Gl. 1 ableiten kann, in der Phase zurück; die Verschiebung erscheint durch die Formel bestimmt

$$\text{tg}\,\delta = -\frac{2\pi\nu L}{R}\,. \tag{3}$$

Ein wichtiges Beispiel für die Anwendung der Gl. 1 stellt schließlich die Entladung eines elektrischen Kondensators dar. Setzt man die elektromotorische Kraft dem Potential des Kondensators, also dem Quotienten aus seiner Ladung Q und seiner

Kapazität C, gleich und die Stärke des Entladungsstroms gleich $-dQ/dt$, so gelangt man auf Grund der Gl. 1 zu der Differentialgleichung einer gedämpften Schwingung. Man findet für die Dämpfungskonstante den Wert R/L und für die Schwingungsdauer

$$\tau = 2\pi \sqrt{LC}\,. \tag{4}$$

Die Kondensatorschwingungen erfolgen also um so rascher, je kleiner die Kapazität und der Selbstinduktionskoeffizient des schwingenden Systems sind und mit um so schwächerer Dämpfung, je kleiner der Widerstand und je größer der Selbstinduktionskoeffizient sind.

Sechstes Kapitel

Die Maxwellsche Theorie des elektromagnetischen Feldes

§ 26. Die Maxwellschen Gleichungen

Während die Beziehungen der Elektrostatik aus dem Coulombschen Gesetz der elektrischen Anziehung folgen, ergeben sich, wie die bisherigen Betrachtungen gezeigt haben, das Gesetz von Biot und Savart sowie das Neumannsche Induktionsgesetz mittels rein mathematischer Deduktionen und unter Zuhilfenahme des Energieprinzips aus dem Gesetz der zwischen geschlossenen Strömen bestehenden magnetischen Anziehung. Zu diesen beiden Grundsätzen hat nun Maxwell im Jahre 1873 als ein weiteres das Gesetz der Verschiebungsströme hinzugefügt, das man etwa in folgender Form aussprechen kann: Jeder Änderung der elektrischen Feldstärke entspricht in einem elektromagnetischen Felde ein elektrischer Verschiebungsstrom, der dieselben Eigenschaften besitzt wie ein Leiterstrom und der entweder selbst oder in Verbindung mit einem Leiterstrom eine geschlossene Strömung darstellt.

Der Zusammenhang, der zwischen der zeitlichen Änderung der elektrischen Feldstärke an einer bestimmten Stelle und der Dichte des Verschiebungsstromes an dieser Stelle besteht, ergibt sich aber nun aus der Beziehung, wonach der elektrische Kraftfluß durch eine geschlossene Fläche, die wir uns starr und unbewegt denken, gleich ist 4π mal der gesamten von der Fläche umschlossenen Elektrizitätsmenge. Es ist (nach Gl. 2 des § 22)

$$\int E_n\, df = 4\pi \Sigma e\,. \tag{1}$$

Da wir uns die Fläche starr und unbewegt denken, so können wir die partielle Differentiation nach der Zeit und die Integration über die Fläche als voneinander unabhängig in der Reihenfolge vertauschen, und wir finden somit:

$$\int \frac{\partial E_n}{\partial t}\, df = 4\pi \frac{\partial(\Sigma e)}{\partial t}. \tag{2}$$

Der partielle zeitliche Differentialquotient von Σe stellt nun nichts anderes dar als die gesamte Elektrizitätsmenge, die in der Zeiteinheit durch die starre Fläche einströmt. Da diese Strömung aber geschlossen sein soll, so muß ebenso groß, jedoch entgegengesetzt die Verschiebungsströmung sein, die durch die Fläche in derselben Zeit austritt. Bezeichnen wir die Dichte des hypothetischen Verschiebungsstroms mit $\mathfrak{g}$, so ergibt sich also die Beziehung:

$$\int \frac{\partial E_n}{\partial t}\, df = 4\pi \int g_n\, df. \tag{3}$$

Da diese Beziehung ganz allgemein für jede beliebige Größe und Form der starren Fläche erfüllt sein muß, so ergibt sich der Zusammenhang zwischen Verschiebungsstrom und Feldstärke in der Form:

$$\mathfrak{g} = \frac{1}{4\pi} \frac{\partial \mathfrak{E}}{\partial t}. \tag{4}$$

In kühner Willkür, die ihre glänzende Rechtfertigung indessen durch die außerordentliche Fruchtbarkeit der dadurch gewonnenen Ergebnisse fand, schrieb nun Maxwell den hypothetischen Verschiebungsströmen ganz dieselben Eigenschaften zu, wie sie an den Leiterströmen beobachtet werden. Es soll also auch ein Verschiebungsstrom ein Magnetfeld erzeugen.

Durch die Hypothese der Verschiebungsströme erweitert sich so die erste Hauptgleichung des elektromagnetischen Feldes (Gl. 5 des § 23) zu der Beziehung

$$\operatorname{rot} \mathfrak{H} = \frac{4\pi}{c} (\mathfrak{i} + \mathfrak{g}), \tag{5}$$

wenn $\mathfrak{i}$ die Dichte des Leiterstromes und $\mathfrak{H}$ die magnetische Feldstärke ist. Im leeren Raume, in dem keine Leiterströme auftreten, nimmt daher die Gl. 5 bei Berücksichtigung der Gl. 4 die Form an:

$$\operatorname{rot} \mathfrak{H} = \frac{1}{c} \frac{\partial \mathfrak{E}}{\partial t}. \tag{6}$$

Auf die Hypothese der Verschiebungsströme gründet sich nun die großartige Theorie, die im Jahre 1873 MAXWELL schuf und die durch eine einheitliche Zusammenfassung der Erscheinungen der Elektrizität, des Magnetismus und des Lichtes die Entwicklung der Physik in völlig neue Bahnen lenken sollte.

Die Grundlage der MAXWELLschen Theorie bilden vier Gleichungen, die als die MAXWELLschen Gleichungen des elektromagnetischen Feldes bezeichnet werden. Die ersten zwei dieser Gleichungen beziehen sich auf die Divergenzen der elektrischen und der magnetischen Feldstärke. Die MAXWELLsche Theorie überträgt die fundamentale Beziehung des konstanten elektrostatischen Feldes (Gl. 5 des § 22), wonach die Divergenz der elektrischen Feldstärke der mit 4π multiplizierten Ladungsdichte gleich ist, auf beliebig rasch veränderliche elektromagnetische Felder. Zweitens nimmt die MAXWELLsche Theorie noch als allgemein gültig die in der älteren Theorie der geschlossenen Leiterströme gewonnene Beziehung hinzu (Gl. 2 des § 23), wonach die Divergenz der magnetischen Feldstärke immer verschwindet.

Die dritte und vierte der MAXWELLschen Gleichungen beziehen sich auf die Rotationen der elektrischen und der magnetischen Feldstärke. Die dritte MAXWELLsche Gleichung deckt sich mit der schon früher besprochenen sogenannten zweiten Hauptgleichung des elektromagnetischen Feldes (Gl. 6 des § 24). Diese Gleichung ist allerdings nur unter den beiden Voraussetzungen abgeleitet worden, daß einerseits der Induktionsstrom stationär ist und andererseits die Stromfläche ruht und starr ist; die MAXWELLsche Theorie überträgt die Gleichung auf beliebig veränderliche Ströme und sieht die zweite Voraussetzung als gegeben an, wenn das elektromagnetische Feld als ein kontinuierliches räumliches Gebiet aufgefaßt wird. Die vierte MAXWELLsche Gleichung endlich deckt sich mit der sogenannten ersten Hauptgleichung des elektromagnetischen Feldes in der durch die Hypothese der Verschiebungsströme erweiterten Form (Gl. 5 bzw. 6). Obwohl die erste Hauptgleichung des elektromagnetischen Feldes nur für geschlossene Ströme gilt, darf sie die MAXWELLsche Theorie deshalb als allgemein gültig ansehen, weil ja nach ihr auch ein scheinbar offener Strom durch den Verschiebungsstrom immer zu einer geschlossenen Strömung ergänzt wird.

Die MAXWELLschen Gleichungen ergeben sich so in der Form:

$$(7)\qquad \begin{cases} \operatorname{div}\mathfrak{E} = 4\pi\varrho\,, \\ \operatorname{div}\mathfrak{H} = 0\,, \\ \operatorname{rot}\mathfrak{E} = -\frac{1}{c}\frac{\partial\mathfrak{H}}{\partial t}\,, \\ \operatorname{rot}\mathfrak{H} = \frac{1}{c}\frac{\partial\mathfrak{E}}{\partial t}\,. \end{cases}$$

Die vierte der Gleichungen ist dabei in der vereinfachten Form angegeben, die bei dem Fehlen von Leiterströmen gilt.

Die Energiedichte im elektromagnetischen Felde ist (vgl. Gl. 9 des § 22) durch die Beziehung gegeben

$$(8)\qquad \eta = \frac{1}{8\pi}(E^2 + H^2)\,,$$

wenn E und H die Beträge der elektrischen und der magnetischen Feldstärke sind. Für die MAXWELLsche Theorie ist dabei die Vorstellung wesentlich, daß jedes Volumelement $d\tau$ Träger einer Energiemenge $\eta\, d\tau$ ist, wobei der Wert von η gemäß Gl. 8 vollkommen durch die Werte bestimmt sein soll, die an der betreffenden Stelle der elektrischen und der magnetischen Feldstärke zukommen[1].

Zu einem bedeutungsvollen Satze gelangen wir nun, wenn wir von den MAXWELLschen Gleichungen (Gl. 7) die vierte skalar mit $\mathfrak{E}$ multiplizieren, die dritte skalar mit $\mathfrak{H}$ und sodann subtrahieren. Wir finden dann:

$$(9)\qquad \mathfrak{E}\operatorname{rot}\mathfrak{H} - \mathfrak{H}\operatorname{rot}\mathfrak{E} = \frac{1}{c}\frac{\partial}{\partial t}\left(\frac{E^2 + H^2}{2}\right).$$

Für die linke Seite ergibt eine vektoranalytische Umformung den Wert $-\operatorname{div}[\mathfrak{E}\,\mathfrak{H}]$; unter Benutzung der Gl. 8 können wir daher schreiben:

$$(10)\qquad -\operatorname{div}[\mathfrak{E}\,\mathfrak{H}] = \frac{4\pi}{c}\frac{\partial\eta}{\partial t}.$$

In durchaus analoger Weise wie das Prinzip der Erhaltung der Masse läßt sich nun auch (gemäß Gl. 2 des § 19) das Prinzip der

[1] Die ältere Theorie hatte bloß angenommen, daß sich der Wert der gesamten Energie des Feldes ergibt, wenn man die Energiedichte über das ganze Feld integriert. In der älteren Theorie war η nur eine Rechengröße ohne reale physikalische Bedeutung.

Erhaltung der Energie vektoranalytisch ausdrücken, nämlich in der Form

$$\text{(11)} \qquad \operatorname{div}(\eta\, \mathfrak{v}) + \frac{\partial \eta}{\partial t} = 0\,;$$

dabei bedeutet $\mathfrak{v}$ die Geschwindigkeit der Energieströmung. Führen wir also einen Vektor ein

$$\text{(12)} \qquad \mathfrak{S} = \frac{c}{4\pi}[\mathfrak{E}\,\mathfrak{H}]\,,$$

so stellt dieser Vektor (wie ein Vergleich der Gl. 10 und 11 zeigt) nach Betrag, Richtung und Richtungssinn die Dichte der Energieströmung dar.

Der Vektor $\mathfrak{S}$ wird nach dem Forscher, der ihn zuerst (1884) in die Theorie einführte, als der POYNTINGsche Vektor bezeichnet. Die Gl. 10 läßt sich aber als Satz von POYNTING auch in der Form aussprechen, daß an jeder Stelle eines elektromagnetischen Feldes eine Strömung von Energie senkrecht zu den Richtungen der elektrischen und der magnetischen Feldstärke stattfindet.

§ 27. Die elektromagnetischen Wellen

Betrachten wir einen von Ladungen freien Raum, so verschwindet außer der Divergenz der magnetischen auch die der elektrischen Feldstärke, und es wird dann (nach Gl. 7 des § 14):

$$\text{(1)} \qquad \left\{ \begin{aligned} \Delta\, \mathfrak{E} &= -\operatorname{rot}\operatorname{rot}\mathfrak{E}\,, \\ \Delta\, \mathfrak{H} &= -\operatorname{rot}\operatorname{rot}\mathfrak{H}\,. \end{aligned} \right.$$

Nun ist aber, weil die voneinander unabhängigen Operationen der Rotationsbildung und der partiellen zeitlichen Differentiation in der Reihenfolge vertauscht werden können, nach den Gl. 7 des § 26:

$$\text{(2)} \qquad \left\{ \begin{aligned} \operatorname{rot}\operatorname{rot}\mathfrak{E} &= -\frac{1}{c}\,\frac{\partial}{\partial t}(\operatorname{rot}\mathfrak{H}) = -\frac{1}{c^2}\,\frac{\partial^2 \mathfrak{E}}{\partial t^2}\,, \\ \operatorname{rot}\operatorname{rot}\mathfrak{H} &= \frac{1}{c}\,\frac{\partial}{\partial t}(\operatorname{rot}\mathfrak{E}) = -\frac{1}{c^2}\,\frac{\partial^2 \mathfrak{H}}{\partial t^2}\,. \end{aligned} \right.$$

Setzen wir die Werte aus den Gl. 2 in die Gl. 1 ein, so nehmen diese die Form an:

$$\text{(3)} \qquad \Delta\,\mathfrak{E} = \frac{1}{c^2}\,\frac{\partial^2 \mathfrak{E}}{\partial t^2}\,, \qquad \Delta\,\mathfrak{H} = \frac{1}{c^2}\,\frac{\partial^2 \mathfrak{H}}{\partial t^2}\,.$$

Aus diesen beiden Gleichungen folgt (nach § 18) unmittelbar die Möglichkeit einer Ausbreitung der elektrischen und der magnetischen Feldstärke in ebenen Wellen, die im leeren

Raume eine Geschwindigkeit haben müssen, die der elektromagnetischen Konstanten gleich ist. Da die Divergenz der magnetischen Feldstärke immer verschwindet, müssen jedenfalls (nach § 18) die magnetischen Wellen (wie wir sie kurz nennen wollen) rein transversal sein. Dasselbe gilt auch für die elektrischen Wellen in Gebieten, die keine freien elektrischen Ladungen enthalten, in denen also die Divergenz der elektrischen Feldstärke überall verschwindet.

Wir wollen zunächst eine ebene, transversale elektrische Welle betrachten. Wir machen die Fortpflanzungsrichtung zur x-Achse; dann ist die elektrische Welle, wenn wir den allgemeinsten Fall elliptischer Schwingungen betrachten, durch die Gleichungen beschreibbar:

$$(4) \qquad \begin{cases} E_y = A \sin[a(x - c\,t) + \delta]\,, \\ E_z = B \sin[a(x - c\,t)]\,. \end{cases}$$

Dabei sind A, B, a, δ Konstanten; A und B sind die Amplituden der beiden linearen, zueinander senkrechten Partialschwingungen, in die man nach den Koordinatenachsen die elliptische Schwingung zerlegen kann, δ ist der Phasenunterschied zwischen den Partialschwingungen, und a ist gleich 2π, gebrochen durch die Wellenlänge (vgl. Gl. 4 des § 18).

Die dritte der Maxwellschen Gleichungen (Gl. 7 des § 26) nimmt nun, da für die ebene Welle die partiellen Ableitungen der Komponenten von $\mathfrak{E}$ nach y und z verschwinden, in analytischer Schreibweise folgende Form an:

$$(5) \qquad \frac{\partial H_x}{\partial t} = 0\,, \qquad \frac{1}{c}\,\frac{\partial H_y}{\partial t} = \frac{\partial E_z}{\partial x}\,, \qquad \frac{1}{c}\,\frac{\partial H_z}{\partial t} = -\,\frac{\partial E_y}{\partial x}\,.$$

Setzen wir für E_y und E_z die Werte aus den Gl. 4 ein, so finden wir:

$$(6) \qquad \begin{cases} \dfrac{1}{c}\,\dfrac{\partial H_y}{\partial t} = B\,a \cos[a(x - c\,t)]\,, \\ \dfrac{1}{c}\,\dfrac{\partial H_z}{\partial t} = -\,A\,a \cos[a(x - c\,t) + \delta]\,. \end{cases}$$

Durch Integration dieser Gleichungen ergeben sich die Beziehungen:

$$(7) \qquad \begin{cases} H_y = -\,E_z + \Phi_1\,, \\ H_z = E_y + \Phi_2\,, \end{cases}$$

wobei Φ_1 und Φ_2 Funktionen der Koordinaten sein können, von der Zeit jedoch unabhängig sein müssen. Diese Funktionen können wir aber weglassen, wenn wir annehmen, daß zur Zeit $t = 0$ keine magnetischen Kräfte vorhanden waren. Multiplizieren wir sodann die erste der Gl. 7 mit E_y und die zweite mit E_z, so finden wir durch Addition:

$$E_y H_y + E_z H_z = 0 \,. \tag{8}$$

Setzen wir in den Gl. 7 (indem wir Φ_1 und Φ_2 einfach gleich Null setzen) für E_z und E_y die Werte aus den Gl. 4 ein, so erkennen wir, daß mit jeder elektrischen Welle auch eine magnetische Welle von der gleichen Periode und der gleichen Fortpflanzungsrichtung verbunden ist. Aus der ersten der drei Gl. 5 folgt, daß sich die x-Komponente der magnetischen Feldstärke an den Schwingungen nicht beteiligt. Sind nun, wie wir annehmen, in dem betrachteten Gebiete ursprünglich keine magnetischen Kräfte vorhanden, so ist daher H_x immer gleich Null zu setzen. Addieren wir also zu der linken Seite der Gl. 8 noch das verschwindende Produkt $E_x H_x$ hinzu, so nimmt die Gl. 8 in vektorieller Schreibweise die Form an

$$\mathfrak{E}\mathfrak{H} = 0 \,, \tag{9}$$

d. h. (nach Gl. 5 des § 2) die Vektoren der elektrischen und der magnetischen Feldstärke stehen in einer elektromagnetischen ebenen Welle aufeinander senkrecht.

Hat im besonderen der Vektor $\mathfrak{E}$ die Richtung der positiven y-Achse (bei einer linearen Schwingung ständig, bei einer elliptischen in einem bestimmten Augenblick), ist also E_z Null und E_y positiv, so verschwindet, wie man aus den Gl. 7 erkennt, H_y, während H_z positiv ist. Die Richtungssinne der Wellenfortpflanzung, der elektrischen und der magnetischen Feldstärke verhalten sich also zueinander wie die Richtungssinne der positiven x-, y- und z-Achse in einem Rechtskoordinatensystem (und das ist auch der Grund, warum man in der modernen Physik diesem den Vorzug gibt). Von der Spitze eines Vektors, der Richtung und Richtungssinn der Wellenfortpflanzung hat, erscheint demnach die Drehung, die den Vektor $\mathfrak{E}$ in die Richtung des Vektors $\mathfrak{H}$ überführt, dem Uhrzeiger entgegengesetzt (Fig. 8). Die Richtung des POYNTINGschen Vektors

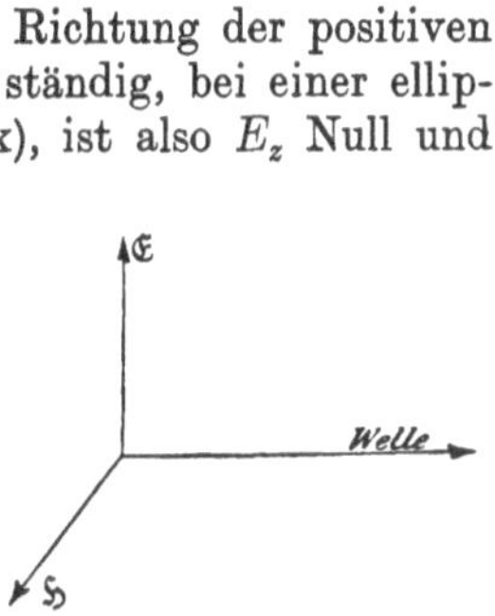

Fig. 8

fällt somit (nach Gl. 12 des § 26) mit der Wellenrichtung zusammen.

Da die Fortpflanzungsrichtung der Welle also sowohl auf den elektrischen als auch auf den magnetischen Kraftlinien senkrecht steht, so muß (vgl. § 22) in der Fortpflanzungsrichtung ein Druck herrschen; er ergibt sich gleich der Summe aus den durch 8π dividierten Quadraten der elektrischen und der magnetischen Feldstärke. Dieser Druck, der als elektromagnetischer Strahlungsdruck bezeichnet wird, ist also gleich der elektromagnetischen Energiedichte (die durch die Gl. 8 des § 26 bestimmt ist).

Betrachten wir daher eine zu der Fortpflanzungsrichtung der Welle senkrechte Fläche (die wir uns festgehalten und die Wellen absorbierend denken wollen), so wirkt auf ein Flächenelement df dieser Fläche in der Richtung der Wellenfortpflanzung eine Kraft von dem Betrage

(10) $$K = \eta \, df\,.$$

Wir denken uns nun andererseits statt der elektromagnetischen Welle eine strömende Flüssigkeit von der Dichte ϱ^* und der Strömungsgeschwindigkeit v. Auf das Flächenelement trifft dann in der Zeiteinheit Flüssigkeit von der Menge $\varrho^* v \, df$, und die Bewegungsgröße, die in der Zeiteinheit das Flächenelement empfängt, ist somit gleich $\varrho^* v^2 \, df$. Nach dem zweiten Newtonschen Bewegungsgesetz muß ebenso groß wie dieser auf die Zeiteinheit bezogene Zuwachs an Bewegungsgröße die Kraft sein, die auf das Flächenelement wirkt. Nennen wir diese Kraft K', so ist daher

(11) $$K' = \varrho^* v^2 \, df\,.$$

Wie ein Vergleich der Gl. 10 und 11 zeigt, können wir also der elektromagnetischen Energie einer elektromagnetischen Welle eine träge Masse zuschreiben. Da die Energie mit der Fortpflanzungsgeschwindigkeit der Welle, also mit der Geschwindigkeit c fortwandert, so ist die Massendichte der Energie gleich zu setzen

(12) $$\varrho^* = \frac{\eta}{c^2}\,.$$

Die träge Masse der elektromagnetischen Wellenenergie erhält man demnach, indem man die Energie durch das Quadrat der elektromagnetischen Konstanten dividiert.

§ 28. Die Bewegungsgleichung eines elektrisch geladenen Körpers

Da es nach der MAXWELLschen Theorie nur geschlossene Ströme geben kann, so mußte die Fortbildung der MAXWELLschen Theorie notwendigerweise zu der Folgerung führen, daß auch jeder bewegte Körper, woferne er elektrisch geladen ist, genau so wie ein Leiterstrom ein Magnetfeld erzeugt und umgekehrt in einem Magnetfeld einer mechanischen Kraft ausgesetzt ist. Diese Auffassung fand ihre experimentelle Rechtfertigung durch einen wichtigen Versuch, den schon im Jahre 1876 ROWLAND durchführte. ROWLAND vermochte eine Magnetnadel dadurch abzulenken, daß er in ihrer Nähe eine mit geladenen Stanniolsektoren belegte Platte in rasche Rotation versetzte.

Durch die Hypothese, daß jeder elektrisch geladene Körper im Zustande der Bewegung einen sogenannten Konvektionsstrom darstelle, hat LORENTZ um das Jahr 1880 der MAXWELLschen Theorie eine sehr bedeutungsvolle Erweiterung gegeben. Denn durch die Hypothese des Konvektionsstroms wurde gewissermaßen die Vorstellung eines elektrisch-mechanischen Parallelismus begründet. Ein und derselbe Vorgang, nämlich die Bewegung einer elektrisch geladenen Masse, kann nunmehr von zwei ganz verschiedenen Seiten betrachtet werden. Es können auf diesen Vorgang sowohl die Gesetze der Mechanik als auch die Gesetze des elektromagnetischen Feldes angewendet werden; und gerade diese gleichzeitige Anwendbarkeit der Gesetze zweier verschiedener physikalischer Wissenszweige schafft eine Reihe neuer fruchtbarer Beziehungen.

Bezeichnen wir die elektrische Ladung eines Körpers mit Q und seine mechanische Geschwindigkeit mit $\mathfrak{v}$, so ist die Stärke des Konvektionsstroms vektoriell gleich zu setzen $Q\,\mathfrak{v}$. Auf Grund des AMPÈREschen Gesetzes (§ 23) kann man dann für die mechanische Kraft, die der Körper in einem Magnetfeld von der Stärke $\mathfrak{H}$ erfährt, die Formel ableiten:

$$(1) \qquad \mathfrak{K}_1 = \frac{Q}{c}[\mathfrak{v}\,\mathfrak{H}].$$

Überdies wirkt aber, wenn sich der Körper in einem elektromagnetischen Felde befindet, auf ihn noch eine elektrostatische Kraft von der Größe

$$(2) \qquad \mathfrak{K}_2 = Q\,\mathfrak{E},$$

wenn $\mathfrak{E}$ die elektrische Feldstärke bedeutet.

Es möge nun die Bewegung eines elektrisch geladenen Körpers in einem elektromagnetischen Felde betrachtet werden. Von der Gravitationskraft sehen wir dabei ab, indem wir annehmen, daß die Masse des Körpers so gering im Verhältnis zu seiner Ladung sei, daß die Schwere neben der elektrischen und der magnetischen Kraft vernachlässigt werden kann.

Wir wollen den Quotienten aus der elektrischen Ladung des Körpers und seiner Masse seine spezifische Ladung nennen und sie mit γ bezeichnen. Nach dem zweiten NEWTONschen Bewegungsgesetz und den Gl. 1 und 2 nimmt dann die Bewegungsgleichung des elektrisch geladenen Körpers die Form an:

$$\frac{d\mathfrak{v}}{dt} = \gamma\, \mathfrak{E} + \frac{\gamma}{c}\,[\mathfrak{v}\,\mathfrak{H}]\,. \tag{3}$$

Diese Bewegungsgleichung möge für zwei Spezialfälle diskutiert werden; erstens für den Fall eines rein elektrischen und zweitens für den Fall eines rein magnetischen Feldes; im ersten Falle ist $\mathfrak{H}$, im zweiten $\mathfrak{E}$ gleich Null zu setzen.

Für ein rein elektrisches Feld nimmt die Gl. 3 die Form an

$$\frac{d\mathfrak{v}}{dt} = \gamma\, \mathfrak{E}\,. \tag{4}$$

Wofern das elektrische Feld konstant und homogen ist, ist also auch die durch die linke Seite der Gl. 4 dargestellte Beschleunigung nach Betrag und Richtung konstant. In einem konstanten und homogenen elektrischen Felde muß sich also der Körper genau so bewegen wie etwa ein schwerer Körper in einem Schwerefeld. Ist eine Anfangsgeschwindigkeit vorhanden, so muß somit der Körper eine Parabel beschreiben[1].

Gehen wir in der Spezialisierung noch weiter und nehmen wir an, daß die ursprüngliche Bewegungsrichtung zu der Richtung der elektrischen Feldstärke senkrecht ist — wir sprechen dann von einem transversalen elektrischen Felde —, so besteht völlige Analogie mit dem horizontalen Wurf.

Als zweiten Spezialfall betrachten wir ein rein magnetisches Feld. Für ein solches nimmt die Gl. 3 die Form an:

$$\frac{d\mathfrak{v}}{dt} = \frac{\gamma}{c}\,[\mathfrak{v}\,\mathfrak{H}]\,. \tag{5}$$

[1] Die Bahn wird allerdings nur dann eine Parabel, wenn die Richtung der Anfangsgeschwindigkeit mit der der elektrischen Feldstärke nicht zusammenfällt. Sonst ist die Bahn wie bei dem vertikalen Wurf gerade.

Der Vektor der Beschleunigung steht also stets senkrecht auf der durch den Vektor $\mathfrak{v}$ bestimmten Bewegungsrichtung. Zerlegen wir daher die Beschleunigung (gemäß § 3) in eine Tangentialkomponente b_t und in eine Normalkomponente b_n, so wird

$$b_t = 0 \tag{6}$$

und

$$b_n = b\,, \tag{7}$$

wenn in üblicher Weise mit b der Betrag der Beschleunigung bezeichnet wird. Da b_t (nach Gl. 4 des § 3) dem zeitlichen Differentialquotienten des Geschwindigkeitsbetrags gleich ist, so ist also

$$v = \text{const.} \tag{8}$$

Die Bewegung in einem Magnetfeld erfolgt ohne Änderung des Geschwindigkeitsbetrags, somit ohne Änderung der kinetischen Energie und daher ohne Arbeitsleistung. Für die Normalkomponente der Beschleunigung folgt aus Gl. 7 und 5

$$b_n = \frac{\gamma}{c}\, v\, H \sin(\mathfrak{v}, \mathfrak{H})\,, \tag{9}$$

und andererseits ist (nach Gl. 6 des § 3)

$$b_n = \frac{v^2}{r}\,, \tag{10}$$

wenn r den Krümmungshalbmesser der Bahn bedeutet.

Wir wollen nun in der Spezialisierung noch weiter gehen, indem wir annehmen, daß die Richtung der magnetischen Feldstärke senkrecht zur ursprünglichen Bewegungsrichtung sei, mit der der Körper etwa in das Magnetfeld eintrete. Wir sprechen dann von einem transversalen Magnetfeld. Da nach Gl. 5 der Vektor der Beschleunigung sowohl auf dem Vektor $\mathfrak{v}$ als auch auf dem Vektor $\mathfrak{H}$ senkrecht steht, so muß demnach, wenn anfänglich $\mathfrak{v}$ senkrecht zu $\mathfrak{H}$ war, es immer so bleiben. Im Spezialfall eines konstanten und homogenen transversalen Magnetfeldes ist also immer $\sin(\mathfrak{v}, \mathfrak{H})$ gleich Eins, und somit ist in diesem Spezialfall zufolge Gl. 8, 9 und 10 auch r konstant. Die Konstanz des Krümmungshalbmessers bedeutet aber, daß die Bahn in einer zu den magnetischen Kraftlinien senkrechten Ebene kreisförmig sein muß, und zwar folgt aus den Gl. 9 und 10 für den Kreishalbmesser der Wert

$$r = \frac{v\,c}{\gamma H}\,. \tag{11}$$

Die Vorstellung, daß durch die Bewegung jedes elektrisch geladenen Körpers ein Magnetfeld erzeugt wird, führt, wie zuerst J. J. THOMSON im Jahre 1881 erkannte, zu einer sehr merkwürdigen Folgerung, durch die einer der wichtigsten physikalischen Grundbegriffe, der der Masse, eine ganz neue Bedeutung gewann.

Nach dem Gesetze von BIOT und SAVART läßt sich nämlich die Energie des Magnetfeldes berechnen, das durch die Bewegung einer elektrischen Ladung erzeugt wird. Man findet z. B. für den Fall einer kugelförmigen Flächenladung vom Radius a für die Energie des Magnetfeldes

(12) $$W = \frac{Q^2}{3\,c^2\,a}\,v^2 .$$

Nun ist aber andererseits ein Energieaufwand notwendig, um eine träge Masse in Bewegung zu setzen, und zwar ist dieser Aufwand durch das halbe Produkt aus der Masse und dem Quadrate der zu erreichenden Geschwindigkeit gegeben. Wie J. J. THOMSON erkannte, muß daher jeder elektrischen Ladung an sich eine sogenannte elektromagnetische Masse zukommen, die sich z. B. in dem betrachteten besonderen Fall zu

(13) $$m_e = \frac{2}{3}\,\frac{Q^2}{c^2\,a}$$

ergibt. Im Falle einer homogenen kugelförmigen Volumladung tritt an die Stelle des Zahlenfaktors $\frac{2}{3}$ der Zahlenfaktor $\frac{4}{5}$.

§ 29. Das Dielektrikum

Wie schon FARADAY 1838 fand, hängt die Wechselwirkung zwischen zwei elektrisch geladenen Körpern von der Natur des Zwischenstoffes ab. Bezeichnen wir mit $\mathfrak{E}_0$ den Wert, den an einer betrachteten Stelle unter sonst gleichen Umständen die elektrische Feldstärke im leeren Raume hätte, so ist in einem beliebigen Zwischenstoff, also, wie man sagt, in einem beliebigen „Dielektrikum" die Feldstärke

(1) $$\mathfrak{E} = \frac{1}{\varepsilon}\,\mathfrak{E}_0 ,$$

wobei ε (stets größer als 1) eine für den Zwischenstoff charakteristische Konstante, die sogenannte Dielektrizitätskonstante ist. Da im Zwischenstoff an die Stelle von $\mathfrak{E}_0$ also das Produkt $\varepsilon\,\mathfrak{E}$

tritt, so ergibt sich die Dichte des Verschiebungsstroms in einem homogenen Dielektrikum zu

$$\mathfrak{g} = \frac{\varepsilon}{4\pi} \frac{\partial \mathfrak{E}}{\partial t}. \tag{2}$$

Wir wollen nun die Trennungsfläche zweier Dielektrika betrachten, wobei wir im besonderen zunächst annehmen wollen, daß die Kraftlinien senkrecht zur Trennungsfläche verlaufen. Sind E und E' die beiden Werte der Feldstärke, so ist nach Gl. 1 E' gleich $E\,\varepsilon/\varepsilon'$. Es erfährt also die Normalkomponente der elektrischen Feldstärke jedenfalls einen Sprung, so daß (nach § 22) die Trennungsfläche so wirkt, als ob sie elektrisch geladen wäre. Da aber andererseits von der Tangentialkomponente der elektrischen Feldstärke auch eine geladene Fläche stetig durchsetzt wird, muß bei schiefem Einfall die elektrische Kraftrichtung eine Brechung erfahren, und zwar, wie sich leicht zeigen läßt, gemäß der den Einfallswinkel φ und den Brechungswinkel φ' verknüpfenden Formel

$$\operatorname{tg} \varphi : \operatorname{tg} \varphi' = \varepsilon : \varepsilon'. \tag{3}$$

Als eine zweite für einen Zwischenstoff charakteristische Konstante erscheint die magnetische Permeabilität (μ), die allerdings bei den meisten Stoffen von Eins kaum merklich verschieden ist. Ist $\mathfrak{H}$ die magnetische Feldstärke im leeren Raum, so gilt die Beziehung

$$\mathfrak{H} = \frac{1}{\mu} \mathfrak{H}_0. \tag{4}$$

Die genaueren Berechnungen zeigen, daß in die erste Hauptgleichung des elektromagnetischen Feldes die magnetische Permeabilität auch bei ihrer Berücksichtigung nicht eingeht, und für ein nicht leitendes Medium, das wir im folgenden allein betrachten wollen, nimmt daher die erste Hauptgleichung bei Berücksichtigung der Gl. 2 die Form an

$$\operatorname{rot} \mathfrak{H} = \frac{\varepsilon}{c} \frac{\partial \mathfrak{E}}{\partial t}. \tag{5}$$

In die zweite Hauptgleichung geht hingegen, wie die nähere Berechnung zeigt, die magnetische Permeabilität derart ein, daß diese Hauptgleichung die Form annimmt

$$\operatorname{rot} \mathfrak{E} = -\frac{\mu}{c} \frac{\partial \mathfrak{H}}{\partial t}. \tag{6}$$

Nach Gl. 2 und 3 des § 27 wird somit

$$
(7) \quad \begin{cases} \operatorname{rot}\operatorname{rot}\mathfrak{E} = -\Delta\,\mathfrak{E} = -\frac{\mu}{c}\,\frac{\partial}{\partial t}(\operatorname{rot}\mathfrak{H})\,, \\ \operatorname{rot}\operatorname{rot}\mathfrak{H} = -\Delta\,\mathfrak{H} = \frac{\varepsilon}{c}\,\frac{\partial}{\partial t}(\operatorname{rot}\mathfrak{E})\,. \end{cases}
$$

Daher ergeben sich die Beziehungen:

$$
(8) \qquad \Delta\,\mathfrak{E} = \frac{\varepsilon\mu}{c^2}\,\frac{\partial^2\mathfrak{E}}{\partial t^2}\,, \qquad \Delta\,\mathfrak{H} = \frac{\varepsilon\mu}{c^2}\,\frac{\partial^2\mathfrak{H}}{\partial t^2}\,.
$$

Die elektromagnetischen Wellen pflanzen sich somit im Dielektrikum mit der Geschwindigkeit fort

$$
(9) \qquad v = \frac{c}{\sqrt{\varepsilon\mu}}\,.
$$

Siebentes Kapitel

Theorie des Lichtes

§ 30. Die Natur des Lichtes

Aus der MAXWELLschen Theorie des elektromagnetischen Feldes folgt, wie wir sahen, die Möglichkeit transversaler elektromagnetischer Wellen, die sich nach Gl. 9 des § 29 im leeren Raum mit einer der elektromagnetischen Konstanten gleichen Geschwindigkeit fortpflanzen müssen. Da nun die elektromagnetische Konstante, wie die Beobachtung zeigt, mit der Lichtgeschwindigkeit vollkommen übereinstimmt[1], so können nach der von MAXWELL 1873 begründeten Auffassung die optischen Erscheinungen als elektromagnetische Wellenvorgänge angesehen werden. Durch die berühmten Versuche von HEINRICH HERTZ wurde dann 1888 ein unmittelbarer Beweis für die Richtigkeit der MAXWELLschen Idee erbracht.

Da alle Vektorwellen (nach § 16) im allgemeinen auf elliptischen Vektorschwingungen beruhen, ist zu erwarten, daß ein Lichtstrahl nach verschiedenen Richtungen quer zu seiner Fortpflanzungsrichtung verschiedene Eigenschaften besitzt, wie sich dies tatsächlich in den optischen Polarisationserschei-

[1] Auf Grund von Messungen von MICHELSON (1926) gilt als genauester Wert der Lichtgeschwindigkeit $(2{,}99796 \pm 0{,}00004)\cdot 10^{10}$ cm sec^{-1}, während auf Grund rein elektrischer Messungen ROSA für die elektromagnetische Konstante $(2{,}9971 \pm 0{,}0003)\cdot 10^{10}$ cm sec^{-1} gefunden hatte.

nungen offenbart. Wir müssen dabei annehmen, daß auch „natürliches" Licht in jedem Augenblick polarisiert ist, daß aber der Schwingungszustand innerhalb eines für die Beobachtung ganz kleinen Zeitraums so häufig wechselt, daß im Mittel keine Schwingungsrichtung vor der anderen irgendwie ausgezeichnet ist. Wie elliptische Schwingungen im besonderen linear oder zirkular sein können (§ 16), so kann auch Licht linear oder zirkular polarisiert sein.

Die Intensität eines Lichtstrahls ist durch den Betrag des POYNTINGschen Vektors bestimmt (vgl. § 26). Da die Amplitude der magnetischen Feldstärke im leeren Raume gleich derjenigen der elektrischen Feldstärke ist, aber auch sonst Proportionalität besteht, so können wir sagen, daß die Lichtintensität durch das Quadrat der Amplitude der elektrischen Feldstärke bestimmt ist. In Kugelwellen, in denen die Amplitude umgekehrt proportional zu der Entfernung vom Kugelzentrum ist, nimmt daher die Lichtintensität im umgekehrt quadratischen Verhältnis mit der Entfernung von der Lichtquelle ab. Aus Messungen der durch die Sonnenstrahlung bewirkten Erwärmung kann man berechnen, daß in einem auf der Erdoberfläche anlangenden Sonnenstrahl die Amplitude der elektrischen Feldstärke ungefähr 12 Volt pro cm beträgt, die Amplitude der magnetischen Feldstärke ungefähr einem Fünftel der Horizontalintensität des Erdmagnetismus entspricht und der Lichtdruck ungefähr $^3/_4$ mg pro m^2 ausmacht.

Da sich bei der Überlagerung von elektrischen Feldern die Feldstärken vektoriell addieren und da dasselbe auch für die magnetischen Felder gilt, so folgt aus der elektromagnetischen Natur des Lichtes das bereits von YOUNG 1800 aufgestellte optische Superpositionsprinzip, mittels dessen sich in bekannter Weise die Interferenzerscheinungen des Lichtes erklären lassen[2].

§ 31. Reflexion und Brechung des Lichtes

Es möge nun der Fall betrachtet werden, daß eine ebene, linear polarisierte, elektromagnetische Welle auf die Trennungsfläche zweier Medien auftrifft, die homogene elektrische Isolatoren seien und deren magnetische Permeabilität gleich Eins gesetzt werden kann. Aus § 29 folgt, daß eine solche Trennungsfläche

---

[2] YOUNG war auch der Erneuerer der Wellentheorie des Lichtes, die im wesentlichen aber bereits auf HUYGENS (1690) zurückgeht.

von der Tangentialkomponente der elektrischen Feldstärke stetig durchsetzt wird. Lediglich aus dieser Tatsache lassen sich dann folgende wichtige Beziehungen ableiten: Der reflektierte und der in das zweite Medium eintretende, also der gebrochene Strahl haben dieselbe Periode, so daß keine Änderung der Farbe eintritt; es erfolgt keine Phasenverschiebung der Schwingungskomponenten, so daß, woferne der einfallende Strahl linear polarisiert ist, es der reflektierte und der gebrochene Strahl ebenfalls sind; der reflektierte und der gebrochene Strahl liegen in der Einfallsebene, nämlich in der durch den einfallenden Strahl und das Einfallslot bestimmten Ebene; der Reflexionswinkel ist ebenso groß wie der Einfallswinkel; Einfallswinkel φ und Brechungswinkel ψ sind miteinander durch die Beziehung verknüpft

$$\frac{\sin\varphi}{\sin\psi} = \frac{\sqrt{\varepsilon_2}}{\sqrt{\varepsilon_1}}, \tag{1}$$

wenn ε_1 und ε_2 die Dielektrizitätskonstanten der beiden Medien sind.

Das Verhältnis der Sinus des Einfalls- und des Brechungswinkels ist also, wie bereits SNELLIUS um das Jahr 1620 fand, von dem Einfallswinkel unabhängig. Da dieses Verhältnis als der Brechungsexponent von dem ersten zu dem zweiten Medium bezeichnet wird, findet man für den besonderen Fall, daß die Brechung von dem leeren Raum (oder, was praktisch dasselbe ist, von Luft) in ein Mittel von dem Brechungsexponenten n erfolgt

$$\varepsilon = n^2. \tag{2}$$

Aus der elektromagnetischen Lichttheorie ergibt sich so die wichtige „MAXWELLsche Relation", wonach die Dielektrizitätskonstante eines Mittels dem Quadrate seines Brechungsexponenten gleich ist. In der Tat erweist sich für Gase diese Relation mit sehr großer Genauigkeit erfüllt; daß sie sonst im Wellenlängenbereich des sichtbaren Lichtes nur ungenau gilt, erklärt sich aus der Dispersion. Im Bereich der elektrischen Entladungswellen wird die MAXWELLsche Relation jedoch durchwegs gut bestätigt.

Ist nun bei dem Vorgang der Reflexion und Brechung $\mathfrak{A}$ die vektoriell aufgefaßte Amplitude der elektrischen Feldstärke der einfallenden Welle, so müssen wir, um den Vorgang vollkommen beschreiben zu können, die beiden analogen Vektoren $\mathfrak{A}'$ und $\mathfrak{A}''$ für die reflektierte und die gebrochene Welle ermitteln. Wir zerlegen hierzu zweckmäßig die drei Vektoren $\mathfrak{A}$, $\mathfrak{A}'$ und $\mathfrak{A}''$ in je zwei zueinander normale Komponenten, die auf der Fortpflanzungsrichtung des betreffenden (einfallenden, reflektierten oder gebrochenen) Strahls senkrecht stehen mögen. Je eine der beiden Komponenten — sie werde mit A_s bzw. A_s' und A_s'' bezeichnet — soll auf der Einfallsebene senkrecht stehen; die andere Komponente, die A_p bzw. A_p' und A_p'' genannt werde, soll immer in der Einfallsebene liegen.

Aus den beiden bekannten Größen A_s und A_p sind also die vier anderen als zunächst Unbekannte zu ermitteln. In der elektromagnetischen Lichttheorie gelingt dies auf Grund der beiden Tatsachen, daß sowohl bei der elektrischen als auch bei der magnetischen Feldstärke die Tangentialkomponenten die Trennungsfläche stetig durchsetzen, was zweimal zwei, also vier Gleichungen ergibt. Die Auflösung der Gleichungen führt zu den folgenden vier Formeln, die als die FRESNELschen Gleichungen bekannt sind:

(3) $$A_p' = A_p \frac{\operatorname{tg}(\varphi - \psi)}{\operatorname{tg}(\varphi + \psi)},$$ (4) $$A_s' = -A_s \frac{\sin(\varphi - \psi)}{\sin(\varphi + \psi)},$$

(5) $$A_p'' = A_p \frac{2\cos\varphi \sin\psi}{\sin(\varphi + \psi)\cos(\varphi - \psi)},$$

(6) $$A_s'' = A_s \frac{2\cos\varphi\sin\psi}{\sin(\varphi + \psi)}.$$

FRESNEL selbst hat diese Gleichungen (1821) aus der Vorstellung eines elastischen Lichtäthers mittels einiger besonderer Hypothesen abgeleitet.

Durch die FRESNELschen Gleichungen ist nun sowohl die Intensität als auch die Schwingungsrichtung des reflektierten und des gebrochenen Strahls bestimmt, und es lassen sich daher auch alle Veränderungen in der Schwingungsrichtung ableiten, die durch die Reflexion oder die Brechung hervorgerufen werden. Aus der Gl. 3 erkennt man zunächst, daß A_p' immer verschwinden muß, wenn $\varphi + \psi = \frac{\pi}{2}$ wird. Dies tritt für den ausgezeichneten Wert des Einfallswinkels ein, für den $\sin\psi$ gleich $\cos\varphi$ oder nach dem Brechungsgesetz

$$\frac{1}{n}\sin\varphi = \cos\varphi$$

ist. Der ausgezeichnete Winkel φ^* ist also durch die Beziehung bestimmt:

(7) $$\operatorname{tg}\varphi^* = n.$$

Fällt Licht von beliebiger Schwingungsebene unter diesem Winkel ein, so erfolgen (da wohl A_p', nicht aber A_s' verschwindet) die Schwingungen der reflektierten elektrischen Welle nur senkrecht zur Einfallsebene. Es muß daher durch Reflexion eines unter diesem Winkel einfallenden natürlichen Lichtstrahles linear polarisiertes Licht entstehen. Den Winkel φ^* nennt man darum den Polarisationswinkel. Die Tatsache, daß seine trigonometrische Tangente dem Brechungsexponenten gleich ist[1], wird nach dem Forscher, der diese Beziehung zuerst (und zwar im Jahre 1815) auffand, das Gesetz von Brewster genannt.

Malus, der die Polarisation durch Reflexion im Jahre 1808 entdeckte, bezeichnete die Einfallsebene als die Polarisationsebene des reflektierten Strahles. Es ergibt sich aus dieser willkürlichen Definition, daß die elektrischen Schwingungen senkrecht zur Polarisationsebene erfolgen, während die magnetischen Schwingungen, da sie zu den elektrischen normal sind, in der Polarisationsebene vor sich gehen müssen.

Fällt im besonderen auf die reflektierende Fläche unter dem Polarisationswinkel ein bereits polarisierter Lichtstrahl auf, dessen Schwingungen in der Einfallsebene erfolgen, so daß also A_s gleich Null ist, so ist sowohl A_p' als auch (nach Gl. 4) A_s' gleich Null. In diesem Falle tritt demnach überhaupt keine Reflexion ein. Derart war es Malus möglich, einen Lichtstrahl scheinbar auszulöschen, indem er ihn unter dem Polarisationswinkel an zwei zueinander senkrechten Spiegeln reflektieren ließ.

Fällt ein bereits linear polarisierter Lichtstrahl von beliebiger Schwingungsrichtung ein, so finden wir, indem wir die zweite Fresnelsche Gleichung durch die erste dividieren:

$$(8)\qquad \frac{A_s'}{A_p'} = -\frac{A_s}{A_p}\cdot\frac{\cos(\varphi-\psi)}{\cos(\varphi+\psi)} = -\frac{A_s}{A_p}\cdot\frac{\cos\varphi\cos\psi+\sin\varphi\sin\psi}{\cos\varphi\cos\psi-\sin\varphi\sin\psi}.$$

Da sowohl φ als auch ψ immer kleiner ist als $\pi/2$, die Sinus und Kosinus der beiden Winkel also immer positiv sind, ist demnach dem absoluten Betrage nach

$$(9)\qquad \left|\frac{A_s'}{A_p'}\right| > \left|\frac{A_s}{A_p}\right|;$$

der Vektor $\mathfrak{A}'$ bildet also stets mit der Einfallsebene einen größeren Winkel als der Vektor $\mathfrak{A}$, d. h. die Polarisationsebene eines Lichtstrahls wird durch die Reflexion immer zu der Einfallsebene hin gedreht.

[1] Für Glas beträgt z. B. der Polarisationswinkel 56°.

Dividiert man andererseits Gl. 6 durch Gl. 5, so findet man

(10) $$\frac{A_s''}{A_p''} = \frac{A_s}{A_p} \cos(\varphi - \psi).$$

Es ist daher stets

(11) $$\frac{A_s''}{A_p''} < \frac{A_s}{A_p};$$

d. h. die Polarisationsebene des gebrochenen Lichtstrahls erscheint immer von der Einfallsebene weggedreht.

Das Verhältnis der Intensität des reflektierten Lichtstrahls zu derjenigen des einfallenden nennt man im Falle senkrechter Inzidenz das Reflexionsvermögen der betreffenden Substanz. Man findet hierfür aus den FRESNELschen Gleichungen (nach einer kleinen mathematischen Umformung)

(12) $$\varrho = \left(\frac{n-1}{n+1}\right)^2.$$

Für Glas, dessen Brechungsexponent etwa 1,5 ist, beträgt nach dieser Formel das Reflexionsvermögen ungefähr $^1/_{25}$.

Aus den FRESNELschen Gleichungen läßt sich auch ableiten, daß bei der Reflexion an einem optisch dichteren Mittel die elektrische Welle eine Phasenverschiebung von einer halben Periode erfährt. Dasselbe ist bei der Reflexion an einem optisch dünneren Mittel hinsichtlich der magnetischen Welle der Fall. Weiter läßt sich aus den FRESNELschen Gleichungen deduzieren, daß in einer stehenden elektromagnetischen Welle die elektrische und die magnetische Welle gegeneinander um eine Viertelperiode verschoben sind. Da es OTTO WIENER (1889) gelang, stehende Lichtwellen auf photographischem Wege nachzuweisen, und die photographische Wirkung bei seinen Versuchen dort ausblieb, wo nach der Theorie Schwingungsknoten der elektrischen Welle zu erwarten waren, so führen WIENERS Versuche zu dem Schluß, daß es die Schwingungen der elektrischen und nicht die dazu senkrechten der magnetischen Feldstärke sind, die die eigentlichen Lichtwirkungen hervorbringen.

§ 32. Die totale Reflexion

Aus der das Brechungsgesetz ausdrückenden Gleichung

(1) $$\sin\psi = \frac{1}{n}\sin\varphi$$

erkennt man, daß, falls $n < 1$ ist, die Brechung also von dem optisch dichteren zu dem optisch dünneren Mittel stattfindet, für einen bestimmten Einfallswinkel der Sinus von ψ gleich Eins wird. Wird φ noch größer, so wird $\sin\psi$ größer als Eins, der Brechungswinkel also imaginär. Es kommt dann, wie die Erfahrung bestätigt, überhaupt zu keiner Brechung; es tritt vielmehr sogenannte totale Reflexion ein[1].

Aus den FRESNELschen Gleichungen läßt sich für den Fall der totalen Reflexion ableiten, daß die Komponenten des reflektierten Strahls Phasenverschiebungen gegenüber den Komponenten des einfallenden Strahls und somit im allgemeinen auch gegeneinander aufweisen. Infolgedessen ist im allgemeinen das total reflektierte Licht auch dann elliptisch polarisiert, wenn das einfallende Licht linear schwingt. Für die Phasenverschiedenheit δ der beiden zueinander senkrechten Komponenten ergibt sich die Formel

$$\operatorname{tg}\left(\frac{\delta}{2}\right) = \frac{\cos\varphi\sqrt{\sin^2\varphi - n^2}}{\sin^2\varphi}. \tag{2}$$

Aus dieser Formel ist es ersichtlich, daß δ bei sogenannter streifender Inzidenz verschwindet, nämlich dann, wenn $\varphi = \pi/2$ ist. War bereits der einfallende Strahl polarisiert, weisen also bereits E_p und E_s eine Phasendifferenz auf, die δ_0 genannt werde, so haben die Komponenten der total reflektierten elliptischen Welle einen Phasenunterschied $(\delta_0 + \delta)$, wobei eben für δ derjenige Wert einzusetzen ist, der sich aus Gl. 2 ergibt. Durch geeignete Wahl des Einfallswinkels kann man also einen elliptisch polarisierten Lichtstrahl mittels totaler Reflexion in einen linear polarisierten verwandeln[2].

§ 33. Die Lichtausbreitung in Kristallen

Um die optischen Eigentümlichkeiten der Kristalle zu erklären, müssen wir ihnen statt einer skalaren eine tensorielle Dielektri-

---

[1] Den Einfallswinkel, für den $\sin\psi$ gleich Eins wird, nennt man den Winkel der totalen Reflexion; er beträgt z. B. für Glas (gegen Luft) 42°. Seine Beobachtung ermöglicht eine genaue Bestimmung des Brechungsexponenten.

[2] Als ein wichtiges Anwendungsgebiet der elektromagnetischen Lichttheorie sei kurz auch die Metalloptik erwähnt. Aus der Tatsache, daß die Metalle Elektrizitätsleiter sind, läßt sich mittels der entsprechend erweiterten MAXWELLschen Gleichungen ableiten, daß die elektrische und die zugehörige magnetische Welle in den Metallen absorbiert werden, wobei die Absorption von der Wellenlänge, also der Farbe abhängt. Das von einer Metallfläche reflektierte Licht erweist sich im allgemeinen auch dann, wenn das einfallende Licht linear schwingt, als elliptisch polarisiert.

zitätskonstante zuschreiben, deren Hauptachsen als die elektrischen Symmetrieachsen erscheinen. Die drei Hauptwerte der tensoriellen Dielektrizitätskonstante mögen mit ε_1, ε_2, ε_3 bezeichnet werden. Setzen wir in den dementsprechend erweiterten MAXWELLschen Gleichungen

$$\text{(1)} \qquad \frac{c}{\sqrt{\varepsilon_1}} = v_1\,, \quad \frac{c}{\sqrt{\varepsilon_2}} = v_2\,, \quad \frac{c}{\sqrt{\varepsilon_3}} = v_3\,,$$

so ergibt sich für die Wellengeschwindigkeit v in einer beliebigen Richtung, die mit den drei Symmetrieachsen die Winkel α, β, γ einschließt, die Beziehung

$$\text{(2)} \qquad \frac{\cos^2\alpha}{v_1{}^2 - v^2} + \frac{\cos^2\beta}{v_2{}^2 - v^2} + \frac{\cos^2\gamma}{v_3{}^2 - v^2} = 0\,.$$

Diese Formel enthält das sogenannte FRESNELsche Gesetz der Lichtausbreitung in Kristallen. Sie ist in bezug auf v^2 vom zweiten Grade und ergibt daher für jede durch die Werte von α, β, γ festgelegte Richtung zwei verschiedene Lösungen. Ist z. B. $\cos\alpha = 1$, $\cos\beta = \cos\gamma = 0$, so sind die beiden Lösungen $v' = v_2$; $v'' = v_3$. Die drei Konstanten v_1, v_2, v_3 werden darum als die Hauptlichtgeschwindigkeiten des Kristalls bezeichnet. Weiterhin läßt sich zeigen, daß die beiden Lichtwellen, die zu derselben Richtung gehören, zueinander senkrecht polarisiert sind.

Wenn von den drei Hauptlichtgeschwindigkeiten zwei untereinander gleich sind, so wird der Kristall als einachsig und die Gerade, für die die beiden Geschwindigkeiten zusammenfallen, als die optische Hauptachse bezeichnet. Es läßt sich zeigen, daß zu jeder beliebigen, als Wellennormalen gewählten Richtung in einem einachsigen Kristall eine Welle gehört, die sich so fortpflanzt, als ob der Kristall isotrop wäre. Diese Welle wird die ordentliche Welle genannt, und ihre von der Richtung unabhängige Geschwindigkeit erweist sich gleich der einheitlichen Geschwindigkeit in der Hauptachse. Die Geschwindigkeit der zweiten Welle, die man die außerordentliche nennt, hängt hingegen von der Richtung der Wellennormalen ab, ist aber völlig durch die Neigung bestimmt, die die Wellennormale gegen die optische Hauptachse hat.

Achtes Kapitel

Die Relativitätstheorie

§ 34. Das Relativitätsprinzip

Die Ausbreitung des Lichtes in Kugelwellen erscheint in einem beliebigen Koordinatensystem, dessen Ursprung mit dem Wellenzentrum zusammenfällt, durch die Gleichung beschrieben

$$x^2 + y^2 + z^2 - c^2 t^2 = 0\,; \tag{1}$$

denn diese Formel drückt es aus, daß nach einer Zeit t die vom Ursprung kommende Welle diejenige Kugelfläche erreicht, die von dem Ursprung den Abstand $c\,t$ hat. Betrachten wir nun ein zweites paralleles Koordinatensystem, das gegenüber dem ersten mit einer Geschwindigkeit u bewegt sei, und zwar in einer Richtung, die mit der gemeinsamen x-Richtung zusammenfällt, so sind die Koordinaten im zweiten System, die wir durch Doppelstriche kennzeichnen wollen, mit denen des ersten Systems, die einfach gestrichen seien, durch die Beziehungen verknüpft

$$x'' = x' - u\,t\,, \qquad y'' = y'\,, \qquad z'' = z'\,. \tag{2}$$

Wenn die Gl. 1 im ersten System erfüllt ist, so scheint sie daher im zweiten System nicht gelten zu können.

Es schien sich somit die Folgerung zu ergeben, daß es überhaupt nur ein einziges System geben könne, in dem sich das Licht nach allen Richtungen gleichförmig mit derselben Geschwindigkeit ausbreitet. Wäre dies aber der Fall, dann könnte offenbar auf der bewegten Erde von einer nach allen Richtungen gleichmäßigen Ausbreitung des Lichtes nicht die Rede sein; und es schien sich so den Physikern die verlockende Möglichkeit zu eröffnen, durch Feststellung solcher Ungleichmäßigkeiten die Bewegung der Erde relativ zu jenem ausgezeichneten einzigen System, also offenbar die Bewegung der Erde relativ zu dem sogenannten Lichtäther, nachzuweisen oder gar zu messen.

Alle Experimente, die einen Einfluß der Erdbewegung auf die irdische Lichtausbreitung nachweisen sollten und unter denen dasjenige von Michelson (1881, mehrmals wiederholt) am berühmtesten wurde, führten indessen zu einem völlig negativen Ergebnis, und zwar mit einer Deutlichkeit, die es völlig ausschloß, daß etwa Versuchs- oder Beobachtungsfehler an der Ergebnislosigkeit die Schuld tragen könnten. Mit zwingender Notwendigkeit ergab sich so die Folgerung, daß trotz der Bewegung der Erde sich gleichwohl auch für einen irdischen Beobachter das Licht nach allen Richtungen mit derselben Geschwindigkeit fortpflanzt, und hieraus konnte weiter geschlossen werden, daß überhaupt alle Gleichungen, die in bezug auf ein bestimmtes System physikalische Vorgänge beschreiben, ihre Form unverändert beibehalten, wenn das ursprüngliche System durch ein anderes ersetzt wird, das gegen jenes gleichförmig bewegt ist.

Zu einem solchen Schlusse stand aber jedenfalls die Behauptung in schroffem Widerspruch, daß die Gl. 1 nicht für beide Systeme zugleich erfüllt sein könne. Die Lösung des vermeintlichen Widerspruches gelang im Jahre 1905 EINSTEIN durch den kühnen Gedanken, daß allen Zeitangaben, mittels deren ein physikalischer Vorgang beschrieben wird, nur eine relative Bedeutung zukommen könne, keineswegs aber eine absolute, wie es bis dahin die allgemeine, tief eingewurzelte Auffassung war. Nach EINSTEIN sollen alle Zeitangaben vom Standpunkte des beschreibenden Beobachters abhängen und daher für zwei gegeneinander bewegte Beobachter verschieden sein. An die Stelle der absoluten Zeit t tritt für das erste System die relative Zeit t', für das zweite die relative Zeit t'', und als die für die Relativitätstheorie fundamentale Beziehung ergibt sich die Identität:

$$x''^2 + y''^2 + z''^2 - c^2 t''^2 \equiv x'^2 + y'^2 + z'^2 - c^2 t'^2. \tag{3}$$

§ 35. Die LORENTZ-Transformation und die Zusammensetzung der Geschwindigkeiten

Auf Grund der angegebenen Identitätsbeziehung läßt sich mittels einfacher mathematischer Deduktionen die Frage beantworten, wie sich gemäß dem Relativitätsprinzip die räumlichen Koordinaten und die Zeit transformieren, wenn wir von einem gegebenen räumlichen Koordinatensystem zu einem anderen parallelen übergehen, das gegen das erste gleichförmig fortschreitend bewegt ist. Sind die räumlichen Koordinaten und die Zeit in dem einen System x, y, z, t und in dem anderen x', y', z', t' und erfolgt die Bewegung in der gemeinsamen x-Richtung mit einer Geschwindigkeit u, und setzt man zur Abkürzung

$$\frac{1}{\sqrt{1-\frac{u^2}{c^2}}} = \beta\,, \tag{1}$$

so findet man:

(2) $$x' = \beta\,(x - u\,t)\,, \quad y' = y\,, \quad z' = z\,, \quad t' = \beta\,(t - \frac{u}{c^2}\,x)\,.$$

Die Gesamtheit der Substitutionen, die durch die Gl. 2 ausgedrückt sind, wird als eine LORENTZ-Transformation bezeichnet (und zwar deshalb, weil sich die ersten Ansätze zu den Gl. 2 bereits in einer Abhandlung von LORENTZ aus dem Jahre 1904 finden). Da von den beiden, gegeneinander gleichförmig bewegten Koordinatensystemen natürlich keines irgendwie vor dem anderen bevorzugt ist, so müssen ganz allgemein auch die „ungestrichenen" Veränderlichen (x, y, z, t) aus den „gestrichenen" mittels einer LORENTZ-Transformation hervorgehen, also mittels der Gleichungen (2), woferne man in ihnen überall die Größe ($-u$) durch ($+u$) ersetzt. Eine einfache Rechnung zeigt, daß dies tatsächlich der Fall ist.

Mittels der Formel für die LORENTZ-Transformation läßt sich nun leicht die Frage der Zusammensetzung von Geschwindigkeiten vom relativitätstheoretischen Standpunkte aus beantworten. Wir beschränken uns auf den besonders einfachen Fall, daß die beiden zu addierenden Geschwindigkeiten dieselbe Richtung haben. Es sei also v' eine Geschwindigkeit in bezug auf ein System, das seinerseits mit der Geschwindigkeit v in derselben Richtung gegenüber einem ursprünglichen System bewegt sei. Für die Geschwindigkeit u gegenüber dem ursprünglichen System ergeben die auf die LORENTZ-Transformation gegründeten Berechnungen den Wert

(3) $$u = \frac{v + v'}{1 + \frac{v\,v'}{c^2}}\,.$$

Ist im besonderen v' gleich c, so wird

(4) $$u = \frac{v + c}{1 + \frac{v}{c}} = c\,.$$

Die Addition einer beliebigen Geschwindigkeit zu der Lichtgeschwindigkeit ergibt also stets wieder die Größe c, die demnach in der Relativitätstheorie eine ähnliche Rolle wie das Unendliche in der Mathematik spielt. Überlichtgeschwindigkeiten erscheinen nach der Relativitätstheorie unmöglich.

Wenn in Gl. 3 v' die Lichtgeschwindigkeit in einem Mittel von dem Brechungsexponenten n darstellt, also gleich c/n ist, v hingegen die Geschwindigkeit, mit der sich dieses Mittel selbst als strömende Flüssigkeit oder strömendes Gas bewegt, so erhalten wir nach kurzen Zwischenrechnungen die Näherungsformel

$$u = v\left(1 - \frac{1}{n}\right) + \frac{c}{n}. \tag{5}$$

Wenn die Strömung ohne Einfluß auf die Lichtausbreitung wäre, so müßte nun u gleich c/n sein. Wenn andererseits die Lichtwellen von der strömenden Flüssigkeit einfach mitgenommen würden, so müßte u der Summe aus v und c/n gleich sein. Wie Gl. 5 zeigt, ist aber nach dem Relativitätsprinzip keines von beiden zu erwarten, sondern vielmehr, daß die Lichtwellen an der Bewegung der Flüssigkeit nur mit einem Bruchteil der Strömungsgeschwindigkeit teilnehmen, dessen Größe von dem Brechungsexponenten abhängt.

Daß dies der Fall ist, hatte tatsächlich schon im Jahre 1851 durch einen berühmten Versuch FIZEAU nachgewiesen, der hierbei empirisch zu der Gl. 5 gelangte. Das FIZEAUsche Experiment kann somit als eine Bestätigung des Relativitätsprinzips angesehen werden. Als eine unmittelbare Folge ergibt sich auch aus der LORENTZ-Transformation, daß es ebensowenig wie ein absolutes Zeitmaß ein absolutes Längenmaß geben kann. Hat ein Stab für einen Beobachter, für den er ruht, die Länge l, so ergibt sich für einen mit der Geschwindigkeit v bewegten Beobachter die Länge zu $l\sqrt{1 - \frac{v^2}{c^2}}$; für ihn erscheint also der Stab verkürzt. Ein in bezug auf die Erde ruhender Meterstab würde z. B. für einen Beobachter auf der Sonne, für den er bewegt wäre, um $5 \cdot 10^{-7}$ cm verkürzt erscheinen.

Andererseits erscheint nach dem Relativitätsprinzip ein irdischer Vorgang für einen Beobachter, der ihn von der Sonne aus wahrnehmen würde, langsamer zu verlaufen als für einen irdischen Beobachter[1]. Auch der Begriff der Gleichzeitigkeit verliert seine Bedeutung. Zwei Ereignisse, die in bezug auf einen Beobachter gleichzeitig zu erfolgen scheinen, scheinen es nicht für einen Beobachter, der gegen den ersten bewegt ist.

§ 36. Die MINKOWSKI-Welt

Der das Relativitätsprinzip ausdrückenden Gl. 3 des § 34 gab im Jahre 1908 MINKOWSKI eine geometrische Interpretation, die

[1] Man pflegt kurz zu sagen, daß „eine bewegte Uhr langsamer als eine ruhende gehe".

eine wesentliche Vereinfachung aller Deduktionen ermöglicht, die sich aus dem Relativitätsprinzip ergeben. MINKOWSKI ging davon aus, daß im dreidimensionalen Raum die Summe der Quadrate der drei Koordinaten eines Punktes für alle beliebigen, durch den Koordinatenursprung gelegten rechtwinkligen Koordinatensysteme denselben Wert besitzt und somit von der Lage des Koordinatensystems unabhängig ist. Daher kann man, wie MINKOWSKI erkannte, die das Relativitätsprinzip ausdrückende Gleichung auch so formulieren: Das mit entgegengesetztem Vorzeichen genommene Quadrat der noch mit der Lichtgeschwindigkeit multiplizierten Zeit und die Quadrate der drei räumlichen Koordinaten verhalten sich untereinander wie die Quadrate von vier Koordinaten in einer vierdimensionalen Geometrie.

Die vierdimensionale Mannigfaltigkeit, die sich derart als eine Verknüpfung von Raum und Zeit ergibt und der allein eine absolute Bedeutung zukommt, wird gewöhnlich als die MINKOWSKI-Welt bezeichnet. Als „Weltkoordinaten" erscheinen also die vier Größen x, y, z und $i\,c\,t$, wobei i die imaginäre Einheit bedeutet. Daß sich ein bewegter Massenpunkt zu einer gegebenen Zeit t an einem gegebenen Orte x, y, z befindet, kann somit durch Fixierung eines „Weltpunktes" zum Ausdruck gebracht werden, dessen Koordinaten gleich x, y, z und $i\,c\,t$ sind. Größen, die in der MINKOWSKI-Welt durch gerichtete Strecken darstellbar sind, deren Komponenten sich also so transformieren wie die vier Koordinaten gemäß der LORENTZ-Transformation, werden als Weltvektoren bezeichnet.

Die Bewegung eines Massenpunktes erscheint durch eine „Weltlinie" darstellbar, die die Abhängigkeit der Bahn von der Zeit zum Ausdruck bringt und deren „Projektion" in den dreidimensionalen Raum die eigentliche Bahnkurve ergibt[1]. Die Gestalt einer Weltlinie und die Länge ihrer Elemente sind somit von dem Bezugssystem unabhängig. Bezeichnen wir die Länge eines Weltlinienelementes mit ds, so gilt (nach dem entsprechend erweiterten pythagoreischen Satz) für jedes beliebige Bezugssystem die Gleichung

$$ds^2 = dx^2 + dy^2 + dz^2 - c^2\,dt^2\,. \tag{1}$$

§ 37. Die relativistische Dynamik

Da im Sinne des Relativitätsprinzips weder dem Raume noch der Zeit, sondern nur der MINKOWSKI-Welt als der Verknüpfung

[1] Doch soll damit keineswegs gesagt sein, daß auch umgekehrt jede Weltlinie als Darstellung einer Bewegung aufgefaßt werden kann.

der beiden eine absolute Bedeutung zukommt, so müssen in der relativistischen Physik an die Stelle der Beziehungen zwischen räumlichen Vektoren (wie sie die klassische Physik kennt) solche Beziehungen zwischen Weltvektoren treten, daß sich aus ihnen die klassischen Beziehungen als Sonderfälle ergeben. Eine grundlegende Aufgabe entsteht der Relativitätstheorie zunächst in der Aufsuchung eines allgemeineren Gesetzes, das an die Stelle des zweiten NEWTONschen Bewegungsgesetzes tritt; dieses muß sich seinerseits wiederum als Spezialfall des allgemeineren Gesetzes erweisen und mit großer Annäherung aus ihm für solche Bewegungen hervorgehen, deren Geschwindigkeit klein gegen die Lichtgeschwindigkeit ist.

Wenn es nun ein System gibt, für das die allgemeinere Beziehung genau in die der klassischen Mechanik übergeht, so kann dieses System offenbar nur dasjenige sein, für das der betrachtete Massenpunkt ruht. Von dieser Überlegung ausgehend, gelangt die Relativitätstheorie durch entsprechende Deduktionen zu dem Ergebnis, daß sie das zweite NEWTONsche Bewegungsgesetz beizubehalten vermag, woferne sie eine Abhängigkeit der Masse von der Geschwindigkeit annimmt, und zwar gemäß der Formel

(1) $$m = \frac{m_0}{\sqrt{1 - \frac{v^2}{c^2}}};$$

dabei bedeutet v die Geschwindigkeit und m_0, die sogenannte Ruhemasse, ist der Wert der Masse für solche Geschwindigkeiten, die klein gegen die Lichtgeschwindigkeit sind.

Weiterhin führen die relativitätstheoretischen Deduktionen zu der bedeutungsvollen Erkenntnis, daß jede Änderung der Energie eines Körpers eine Änderung seiner Masse zur Folge hat, und zwar um einen Betrag, der gleich ist der durch das Quadrat der Lichtgeschwindigkeit dividierten Energieänderung. Energie E und Masse m erscheinen ganz allgemein durch die fundamentale Beziehung verknüpft

(2) $$E = m c^2 .$$

E stellt die der Masse m zukommende „Eigenenergie" dar, also diejenige Energie, die aufgewendet werden muß, um die Masse m zu erzeugen, und die umgekehrt frei werden muß, wenn die Masse m verschwindet. Die Differenz

(3) $$L = (m - m_0)\, c^2$$

ist im Sinne der Relativitätstheorie als die kinetische Energie aufzufassen, die sich in der Tat für nicht allzu große Geschwindigkeiten näherungsweise zu $\frac{1}{2} m_0 v^2$ ergibt.

Die moderne Atomforschung hat, wovon noch an den entsprechenden Stellen die Rede sein wird, auf empirischem Wege sowohl die relativistische Massenformel als auch den Satz von der Eigenenergie quantitativ bestätigt (vor allem durch die Beobachtungen an Beta-Strahlen und die Versuche über Atomzertrümmerung und Materialisation und Dematerialisation); zugleich haben auch die Beobachtungen (vor allem an den Beta-Strahlen) auf das deutlichste bewiesen, daß tatsächlich die Lichtgeschwindigkeit eine Schranke darstellt, der die wahrgenommenen höchsten mechanischen Geschwindigkeiten zwar ungemein nahekommen, ohne sie jedoch je vollkommen zu erreichen.

§ 38. Die relativistische Gravitationstheorie

Durch das von EINSTEIN im Jahre 1905 aufgestellte Relativitätsprinzip hat wohl der Begriff der absoluten Ruhe für die Physik jede Bedeutung verloren; aber trotzdem war durch dieses Prinzip der Begriff der absoluten Bewegung noch keineswegs völlig beseitigt worden. Denn die Gleichwertigkeit zweier gegeneinander bewegter Systeme bleibt zunächst doch auf den speziellen Fall einer gleichförmigen Translation beschränkt. Der Übergang von der sogenannten speziellen zu der allgemeinen Relativitätstheorie gelang EINSTEIN im Jahre 1915 unter Zugrundelegung einer Erkenntnis, die als Äquivalenzprinzip bezeichnet wird. Dieses besagt, daß es für die Naturbeschreibung ganz gleichgültig sei, wenn der Standpunkt eines Beobachters durch denjenigen eines anderen, gegen ihn ungleichförmig, jedoch mit konstanter Beschleunigung bewegten ersetzt wird, woferne dann nur der zweite Beobachter bei Benutzung seines Koordinatensystems überdies ein homogenes Schwerefeld annimmt[1]; die physikalischen Vorgänge bieten keine Möglichkeit einer Entscheidung zwischen den beiden Standpunkten, die danach als gleichberechtigt angesehen werden müssen.

Das Äquivalenzprinzip eröffnet so den Weg zu einer Anschauung, die in dem Gravitationsgesetz nichts anderes erblickt als die

[1] Denn für das Schwerefeld der Erde ist es z. B. charakteristisch, daß alle in ihm befindlichen Körper dieselbe, von allen ihren Eigenschaften unabhängige Beschleunigung erfahren.

durch ein wahrhaft allgemeines Relativitätsprinzip geforderte Verallgemeinerung des GALILEIschen Beharrungsgesetzes. Dieses lehrt, daß sich ein jeder Körper, auf den keine äußeren Kräfte wirken, mit konstanter Geschwindigkeit in gerader Bahn bewegt, daß also nicht nur die Bahn geradlinig ist, sondern auch die drei räumlichen Koordinaten lineare Funktionen der Zeit sind. Aus dem Dreidimensionalen in das Vierdimensionale übersetzt, sagt also das Beharrungsprinzip aus, daß die Weltlinie, die eine kräftefreie Bewegung darstellt, eine Gerade ist. Diese Aussage ersetzte nun EINSTEIN durch die allgemeinere, daß die MINKOWSKI-Welt durch die Materie gekrümmt und in ihr die Weltlinien bewegter Massenpunkte „geradeste", also sogenannte geodätische Linien[2] seien.

Während in der ebenen Geometrie das Linienelement ds einer Kurve durch die Beziehung gegeben ist

$$ds^2 = dx_1^2 + dx_2^2 , \tag{1}$$

wobei x_1 und x_2 die Koordinaten sind, ist in der Geometrie auf einer gekrümmten Fläche, wie zuerst GAUSS und allgemeiner RIEMANN erkannte,

$$ds^2 = g_{11}\, dx_1^2 + g_{12}\, dx_1\, dx_2 + g_{21}\, dx_2\, dx_1 + g_{22}\, dx_2^2 , \tag{2}$$

wobei die vier mit Doppel-Indices versehenen Größen g Komponenten eines symmetrischen Tensors sind. Dieser wird, weil eigentlich erst er die Maßverhältnisse in der Geometrie der betreffenden Fläche festlegt, als der metrische Fundamentaltensor bezeichnet.

Im Sinne dieser verallgemeinerten, sogenannten RIEMANNschen Geometrie ersetzte EINSTEIN die Gl. 1 des § 36 durch die Beziehung

$$ds^2 = \sum \sum g_{ik}\, dx_i\, dx_k \tag{3}$$

(wobei von den vier Koordinaten drei die räumlichen sind und die vierte $i c t$ ist). Untersucht man nun in der RIEMANNschen Geometrie die Änderung, die ein Vektor bei einer Parallelverschiebung längs einer geschlossenen Kurve erfährt, oder befaßt man sich in der RIEMANNschen Geometrie mit dem Problem der geodätischen Linie, so wird man zu einem weiteren, sehr wichtigen Tensor geführt, dessen Komponenten nur die Größen g_{ik} sowie deren erste und zweite Differentialquotienten nach den Ko-

[2] Die geodätische Linie ist die kürzeste Verbindungslinie zwischen zwei Punkten; auf der Erdoberfläche z. B. Stücke größter Kugelkreise.

ordinaten enthalten. Dieser Tensor, dessen Komponenten G_{ik} durch eine recht komplizierte Formel gegeben sind, wird als der RIEMANNsche Tensor oder als der RIEMANN-CHRISTOFFELsche Tensor oder auch als der „verjüngte" RIEMANNsche Tensor bezeichnet; letzteres deshalb, weil er in einer n-dimensionalen Geometrie aus einem Tensor höherer Stufe mit n^4 Komponenten durch eine Verjüngung genannte Rechenoperation hervorgeht. Durch dieselbe Operation der „Verjüngung" läßt sich aus dem RIEMANN-CHRISTOFFELschen Tensor eine von dem Koordinatensystem unabhängige skalare Größe G ableiten, die die RIEMANNsche Invariante oder der RIEMANNsche Krümmungsskalar genannt wird.

Integriert man den RIEMANNschen Skalar über ein beliebig abgegrenztes Gebiet einer geometrischen Mannigfaltigkeit, und bildet man dann die Variation dieses Integrals derart, daß der Fundamentaltensor nur innerhalb der Begrenzungen variiert wird, so wird man zu einem Tensor geführt, der für die Relativitätstheorie eine besondere Bedeutung besitzt, nämlich

$$(4) \qquad S_{ik} = G_{ik} - \tfrac{1}{2}\, g_{ik}\, G\,.$$

Der allgemeinen Relativitätstheorie EINSTEINs liegt nun der Gedanke zugrunde, daß bis auf einen universellen Proportionalitätsfaktor die Tensorkomponenten S_{ik} mit den Komponenten eines die Materie charakterisierenden Tensors übereinstimmen sollen, den bereits die spezielle Relativitätstheorie als Energie-Materie-Tensor gekannt hatte; dessen Komponenten sind

$$(5) \quad T_{ii} = -\frac{p}{c^2}\, g_{ii} \text{ für } i = 1, 2, 3\,; \quad T_{44} = \mu\,; \quad T_{ik} = 0 \text{ für } i \neq k\,.$$

Dabei bedeutet μ die auf den Zustand der Ruhe bezogene Massendichte der Materie und p den allerdings meist vernachlässigbaren Druck des elektromagnetischen Feldes. Die Geometrie der MINKOWSKI-Welt erscheint also mit der Materie durch die das neue Gravitationsgesetz darstellende tensorielle Gleichung verknüpft

$$(6) \qquad S_{ik} = \varkappa\, T_{ik}\,,$$

wobei $\varkappa$ einen universellen Proportionalitätsfaktor bedeutet.

In der Tat resultiert, wie sich zeigen läßt, das NEWTONsche Gravitationsgesetz als erste Näherung, wenn man die besonderen Annahmen macht, daß die Abweichungen von der euklidischen Geometrie gering sind, daß ferner die in Betracht kommenden mechanischen Geschwindigkeiten klein gegen die Lichtgeschwindigkeit sind und daß schließlich das Gravitationsfeld zeitlich nicht veränderlich ist. Ein Vergleich ergibt dann auch einen einfachen Zusammenhang zwischen der universellen EINSTEINschen Konstanten und der Gravitationskonstanten f des NEWTONschen Gravitationsgesetzes. Man findet

$$\varkappa = \frac{8\pi f}{c^2} = 1{,}87 \cdot 10^{-27} \text{ abs. Einh.} \tag{7}$$

Das EINSTEINsche Gravitationsgesetz ist in seiner Anwendung auf das von einem Himmelskörper in seiner Umgebung erzeugte Gravitationsfeld empirisch gut bestätigt worden. Aus dem EINSTEINschen Gesetz folgt nämlich die Notwendigkeit verschiedener Erscheinungen, die sich aus dem NEWTONschen Gesetz nicht ableiten lassen und die nun wirklich beobachtet werden konnten. Hierher gehört vor allem die Ablenkung der von Fixsternen kommenden Lichtstrahlen bei ihrem Vorbeigehen an der Sonne, ein Phänomen, das in befriedigender quantitativer Übereinstimmung mit der EINSTEINschen Theorie bei totalen Sonnenfinsternissen tatsächlich festgestellt werden konnte[3].

§ 39. Die Theorie des Weltalls

Wie EINSTEIN 1917 erkannte, werden durch eine geringfügige Modifikation des neuen Gravitationsgesetzes auch kosmologische Anwendungen der Relativitätstheorie möglich[1]. Diese Modifikation besteht in der Einführung eines sehr kleinen Zusatzgliedes λg_{ik}, wobei λ eine universelle, die sogenannte kosmologische Konstante darstellt. Die „kosmologischen" Feldgleichungen ergeben sich derart in folgender Form:

$$G_{ik} - \tfrac{1}{2} g_{ik} G - \lambda g_{ik} = \varkappa T_{ik}\,. \tag{1}$$

EINSTEIN nahm nun an, daß der Weltraum als dreidimensionales (einer Anschauung freilich unzugängliches) Analogon der zweidimensionalen Kugelfläche, also als sogenannter sphärischer Raum, gekrümmt und geschlossen ist und somit das Weltall, ohne

[3] Als weitere Bestätigungen gelten die Perihelbewegung des sonnennächsten Planeten, des Merkur, und die Rotverschiebung der von Sternen mit besonders großer Masse herrührenden Spektrallinien, welches an der Grenze der Beobachtbarkeit liegende Phänomen indessen auch aus der Vorstellung der Lichtquanten folgt.

[1] Vgl. des Verf. Schrift „Die kosmologischen Probleme der Physik", Leipzig, (Akad. Verl. Ges.) 1934.

irgendwie begrenzt zu sein, dennoch ein endliches Volumen aufweist. In der Anwendung auf einen gleichmäßig mit Materie von der Dichte μ erfüllten sphärischen Raum vom Krümmungshalbmesser R nehmen nun die Gleichungen (1) die folgende einfache Form an

$$1 = \lambda R^2, \quad \frac{3}{R^2} = \lambda + \varkappa\mu, \tag{2}$$

also

$$\lambda = \frac{1}{R^2}, \quad \mu = \frac{2}{R^2\varkappa}. \tag{3}$$

Für den der teleskopischen Forschung zugänglichen Teil des Weltalls ergeben die Beobachtungen eine ungefähre durchschnittliche Massendichte von etwa 10^{-30} g pro ccm. Daraus würde nach Gl. 3 ein Krümmungsradius der Welt in der Größenordnung von 10^{28} cm oder einigen Milliarden Lichtjahren folgen. Die weiteste Entfernung, bis zu der die astronomische Forschung vordringen konnte, beläuft sich auf etwa 200 Millionen Lichtjahre.

Von entscheidender Bedeutung wurde für die kosmologischen Theorien die Feststellung HUBBLES (1929), daß sich die fernsten astronomischen Objekte von uns mit Geschwindigkeiten zu entfernen scheinen, die der Entfernung von uns proportional sind. Der Proportionalitätsfaktor ergibt sich aus den Spektren auf Grund des DOPPLER-Effektes zu etwa 170 km/sec pro Million Lichtjahren. Wenn tatsächlich das HUBBLEsche Phänomen ein universelles ist, müssen wir also annehmen, daß sich das Weltall im Zustande einer Expansion befindet, wobei es seine Lineardimensionen bereits in ungefähr 1300 Millionen Jahren verdoppelt. Der Krümmungsradius des Weltalls würde sich somit selbst als zeitlich veränderlich erweisen, und an die Stelle der Gleichungen (2) müssen allgemeinere treten, die dem Rechnung tragen.

Solche Gleichungen wurden bereits 1922 von FRIEDMAN abgeleitet, der von den EINSTEINschen kosmologischen Gleichungen ausging, aber den in den Ausdrücken für die g_{ik} auftretenden Radius des sphärischen Raums als Funktion der vierten, der zeitlichen, Koordinate ansah. LEMAÎTRE hat dann (1927) angenommen, daß die Expansion des Weltalls von einem EINSTEINschen Gleichgewichtszustand als Anfangszustand ausging, und er gelangte unter Zugrundelegung der FRIEDMANschen Gleichungen zu der einfachen Näherungsformel

$$R_0 = \frac{c}{\sqrt{3}\,\alpha}; \tag{4}$$

dabei bedeutet R_0 den Anfangswert des Krümmungsradius und α den vorhin erwähnten HUBBLEschen Proportionalitätsfaktor, der in absoluten Einheiten $1{,}8 \cdot 10^{-17}\,\mathrm{sec}^{-1}$ beträgt.

Aus Gl. 4 folgt also für das LEMAÎTREsche Weltmodell ein anfänglicher Weltradius von $9{,}5 \cdot 10^{26}$ cm oder ca. 950 Millionen Lichtjahren. Da für den Anfangszustand nach der LEMAÎTREschen Annahme die EINSTEINschen Beziehungen anwendbar sind, ergibt sich gemäß Gl. 3 eine anfängliche Dichte von $1{,}2 \cdot 10^{-27}$ g pro ccm, und auf Grund der Relation, die das Volumen eines sphärischen Raums mit dessen Radius verknüpft[2], eine Gesamtmasse des Weltalls von $2 \cdot 10^{55}$ g, was ungefähr dem 10^{22}-fachen der Sonnenmasse oder dem etwa 10^{13}-fachen der Durchschnittsmasse eines Spiralnebels entspricht.

[2] Danach ist das Volumen $2\pi^2 R^3$.

Dritter Teil

WÄRMELEHRE

Neuntes Kapitel

Die allgemeinen Prinzipe der Thermodynamik

§ 40. Der erste Hauptsatz

Die Grundlage der theoretischen Wärmelehre bilden die beiden thermodynamischen Hauptsätze, deren erster die Äquivalenz zwischen Wärme und mechanischer Arbeit zum Ausdruck bringt. Im Jahre 1842 fanden ROBERT MAYER durch theoretische Erwägungen und JOULE durch direkte Experimente, daß bei der Erzeugung von Wärme durch Arbeit ein konstantes Umwandlungsverhältnis zwischen der in Kalorien gemessenen Wärmemenge und der scheinbar verschwundenen Arbeit besteht. Es ist infolgedessen möglich, Wärmemengen direkt durch die äquivalente Energie zu messen, ihren Betrag also in absoluten Einheiten, in Erg, anzugeben[1].

Wird einem Körper Wärme zugeführt, ohne daß er gleichzeitig Arbeit verrichtet, so bewirkt demnach die aufgenommene Wärme lediglich eine Erhöhung der inneren Energie des Körpers. Bezeichnen wir die innere Energie in üblicher Weise mit U, und eine zugeführte infinitesimale und in Erg gemessene Wärmemenge mit dQ, so ist bei dem Fehlen einer Arbeitsleistung dU gleich dQ. Im allgemeinen gilt hingegen, wenn wir die verrichtete infinitesimale Arbeit mit dA bezeichnen, als Ausdruck des ersten Hauptsatzes die Gleichung:

$$dU = dQ - dA\,. \tag{1}$$

Von der inneren Energie müssen wir hierbei annehmen, daß sie nur von dem jeweiligen, augenblicklichen Zustand des Körpers abhängt. Überführen wir daher einen Körper unter Wärmezufuhr aus einem Zustande I in einen anderen Zustand II und bilden wir

---

[1] Eine Kalorie (bezogen auf die Erwärmung von 15 auf 16° C) ist $4\cdot 186\cdot 10^7$ erg.

einerseits die algebraische Summe aller zugeführten Wärmemengen[2], andererseits die algebraische Summe aller hierbei verrichteten Arbeit, so muß die Differenz der beiden Summen unabhängig von dem Wege sein, auf dem der Übergang aus dem ersten in den zweiten Zustand erfolgt. Dagegen kann im allgemeinen keineswegs behauptet werden, daß auch die Summe der Wärmemengen an sich oder die gesamte Arbeit von dem Wege unabhängig sei. Es stellt eben zwar dU ein vollständiges Differential dar, nicht aber gilt dies für die infinitesimalen Größen dQ und dA, die nur der Einfachheit halber so bezeichnet wurden, obwohl sie im allgemeinen keine Differentiale im eigentlichen Sinne des Wortes sind.

Betrachten wir einen Kreisprozeß, also einen Vorgang, der den Zustand eines Körpers stetig verändert, schließlich aber wieder in den Anfangszustand zurückführt, so muß nach Gl. 1 die gesamte zugeführte Wärmemenge der gesamten verrichteten Arbeit gleich sein.

Eine besonders einfache Form gewinnt der Ausdruck für die Arbeit dann, wenn die Arbeit nur gegen den Druck (p) zu verrichten ist, der auf die Oberfläche des Körpers wirkt. Dann wird dA gleich $p\,dV$ (wenn V das Volumen bedeutet). Für einen Körper, dessen thermischer Zustand durch Druck und Volumen vollkommen bestimmt ist, nimmt daher der erste Hauptsatz die Form an:

$$dU = dQ - p\,dV\,. \tag{2}$$

§ 41. Der zweite Hauptsatz

Für sämtliche Umwandlungen zwischen Wärme und Arbeit liefert der erste Hauptsatz die wichtige Beziehung der Äquivalenz; aber er sagt nichts darüber aus, wann und in welcher Richtung solche Umwandlungen eintreten. Der erste Hauptsatz bedarf daher der Ergänzung durch ein weiteres wärmetheoretisches Prinzip; ein solches wurde als zweiter Hauptsatz in den Jahren 1850 und 1851 durch CLAUSIUS und durch WILLIAM THOMSON (später Lord KELVIN) gewonnen.

CLAUSIUS sprach den zweiten Hauptsatz dahin aus, daß Wärme nicht von selbst aus einem kälteren in einen wärmeren Körper übergehen könne. THOMSON gab, unabhängig von CLAUSIUS, demselben Gedanken einen anderen Ausdruck, indem er auf

[2] Es ist also zugeführte Wärme positiv zu rechnen, hingegen abgegebene Wärme negativ.

Grund der Erfahrung die Unmöglichkeit eines „Perpetuum mobile zweiter Art" postulierte, nämlich einer periodisch funktionierenden Maschine, die lediglich durch Abkühlung eines Wärmereservoirs ständig Arbeit schaffen würde.

Daß das Prinzip von THOMSON mit demjenigen von CLAUSIUS gleichbedeutend ist, erkennen wir leicht durch folgende Überlegung. Wäre ein Perpetuum mobile zweiter Art möglich, so könnten wir einem einzigen gegebenen Wärmereservoir eine bestimmte Wärmemenge Q entziehen und in Arbeit transformieren und diese Arbeit sodann in Wärme von demselben Betrage Q, jedoch von einer höheren Temperatur zurückverwandeln (denn für die Umwandlung von Arbeit in Wärme bestehen ja keine Beschränkungen). Auf diese Weise wäre die Wärmemenge Q ohne Kompensation von der Temperatur des Reservoirs auf eine höhere Temperatur gebracht worden, was aber nach dem CLAUSIUSschen Prinzip ausgeschlossen ist. Aus dem CLAUSIUSschen Prinzip folgt also in der Tat auch die Unmöglichkeit des Perpetuum mobile zweiter Art.

Eine periodisch funktionierende Maschine, die Arbeit auf Kosten von Wärme liefert, also eine sogenannte Wärmemaschine, erscheint somit nur möglich, wenn eine arbeitende Substanz einen Kreisprozeß zwischen zwei Reservoiren von verschiedenen Temperaturen ausführt, derart, daß die Substanz von dem heißeren Reservoir eine größere Wärmemenge übernimmt, als sie an das kühlere Reservoir abgibt. Ist jene Wärmemenge Q_1 und diese Q_2, so stellt die Differenz $(Q_1 - Q_2)$ die gewinnbare Arbeit dar. Ihr Verhältnis zu der dem heißeren Reservoir entnommenen Wärmemenge wird als der Wirkungsgrad der Wärmemaschine bezeichnet; er ist also durch die Gleichung definiert:

$$\eta = \frac{Q_1 - Q_2}{Q_1}. \tag{1}$$

Mittels des CLAUSIUSschen Prinzips läßt es sich nun leicht nachweisen, daß der Wirkungsgrad eines gegebenen völlig umkehrbaren Kreisprozesses von keinem anderen Kreisprozeß übertroffen werden kann, der sich zwischen zwei Reservoiren von denselben Temperaturen abspielt. Nehmen wir nämlich an, es sei I der gegebene völlig umkehrbare Kreisprozeß, der durch Entnahme der Wärmemenge Q_1 aus dem heißeren Reservoir die Arbeit A leistet, und es würde zwischen denselben Reservoiren ein Kreisprozeß II von höherem Wirkungsgrad möglich sein; dann brauchte dieser nur eine Wärmemenge Q_1' ($< Q_1$) dem heißeren Reservoir zu entnehmen, um gleichwohl dieselbe Arbeit A leisten zu können. Diese Arbeit A werde nun dazu verwendet, um den Kreisprozeß I in umgekehrter Richtung durchzuführen. Insgesamt wäre also wohl keine Arbeit gewonnen (da sich zwei entgegengesetzte Arbeiten gerade kompensieren würden), hingegen wäre, da einerseits die Wärmemenge Q_1' dem heißeren Reservoir entnommen, andererseits die Wärmemenge Q_1 an dieses heißere Reservoir abgegeben wurde, die positive Differenz $(Q_1 - Q_1')$ von der Temperatur des kühleren auf die Temperatur des heißeren Reservoirs gebracht. Da dies aber dem CLAUSIUSschen Prinzip widersprechen würde, erscheint die Annahme widerlegt, daß zwischen zwei gegebenen Reservoiren ein Kreisprozeß möglich wäre, der einen gegebenen, vollständig umkehrbaren Kreisprozeß hinsichtlich des Wirkungsgrades übertreffen könnte.

Aus dieser Erkenntnis läßt sich leicht die weitere ableiten, daß der Wirkungsgrad eines vollständig umkehrbaren Kreisprozesses auch von der Natur der arbeitenden Substanz unabhängig sein muß. Gesetzt nämlich, es sei I ein vollständig umkehrbarer Kreisprozeß, durchgeführt mit einer Substanz S, und III sei ein vollständig umkehrbarer Kreisprozeß, bei dem eine andere Substanz S' arbeite. Wäre es nun möglich, daß der Wirkungsgrad von III größer als der von I wäre, so könnten wir wiederum (wie bei der vorhergegangenen Beweisführung) den Prozeß III dazu benutzen, um den Prozeß I in umgekehrter Richtung vor sich gehen zu lassen und überdies noch (infolge des höheren Wirkungsgrades) eine bestimmte Wärmemenge von der tieferen auf die höhere Temperatur zu bringen, was aber wiederum dem CLAUSIUSschen Prinzip widersprechen würde. Wenn es nun unmöglich einen Stoff geben kann, der den ganz beliebigen Stoff S hinsichtlich des Wirkungsgrades in einem umkehrbaren Kreisprozeß zwischen den beiden Reservoiren übertreffen kann, so folgt hieraus mit Notwendigkeit, daß der Wirkungsgrad eines solchen Kreisprozesses von der Natur der arbeitenden Substanz unabhängig ist und eben nur von den Temperaturen der beiden Reservoire abhängt. Wir können also, da nach Gl. 1 Q_2/Q_1 gleich $1 - \eta$ ist,

$$\frac{Q_2}{Q_1} = f(T_1, T_2) \tag{2}$$

setzen.

Wir denken uns nun ein drittes Reservoir von der Temperatur T_3, die zwischen T_1 und T_2 liege, und denken uns statt einer einzigen

Wärmemaschine deren zwei, wobei die eine zwischen den Temperaturen T_1 und T_3, die zweite aber zwischen den Temperaturen T_3 und T_2 arbeite. Die beiden Maschinen seien so gekoppelt, daß die zweite eine ebenso große Wärmemenge Q_3 dem mittleren Reservoir von der Temperatur T_3 entnimmt, als die erste Maschine an dieses Reservoir abgibt. Dem ersten Reservoir werde dieselbe Wärmemenge wie früher, nämlich Q_1, entnommen.

Der resultierende Wirkungsgrad der beiden gekoppelten Prozesse muß natürlich derselbe sein wie derjenige eines einfachen Kreisprozesses zwischen den Reservoiren von den Temperaturen T_1 und T_2. Daher muß der zweite der gekoppelten Prozesse, wenn er von dem mittleren Reservoir die Wärmemenge Q_3 aufnimmt, an das kühlste Reservoir (von der Temperatur T_2) ebenfalls die Wärmemenge Q_2 abgeben. Neben der Gl. 2 müssen daher die beiden weiteren Beziehungen erfüllt sein:

$$\frac{Q_3}{Q_1} = f(T_1, T_3), \qquad \frac{Q_2}{Q_3} = (T_3, T_2). \tag{3}$$

Aus der Identität

$$\frac{Q_2}{Q_3} = \frac{Q_2/Q_1}{Q_3/Q_1}$$

folgt somit auf Grund der Gleichungen 2 und 3:

$$f(T_3, T_2) = \frac{f(T_1, T_2)}{f(T_1, T_3)}. \tag{4}$$

Da aber der Wirkungsgrad einer Maschine, die zwischen den Reservoiren von den Temperaturen T_3 und T_2 arbeitet, natürlich ganz unabhängig davon sein muß, wie die willkürliche Temperatur T_1 gewählt wird, so können wir weiterhin, indem wir eine neue Funktion φ einführen,

$$f(T_3, T_2) = \frac{Q_2}{Q_3} = \frac{\varphi(T_2)}{\varphi(T_3)} \tag{5}$$

setzen.

Wir können nun eine *absolute Temperatur* dadurch *definieren*, daß wir $\varphi(T)$ der Temperatur selbst, bis auf einen beliebig zu wählenden, jedoch universellen Proportionalitätsfaktor gleich setzen; daß wir also fordern, daß sich die Temperaturen der beiden Reservoire eines völlig umkehrbaren Kreisprozesses untereinander ebenso verhalten sollen wie die beiden Wärmemengen, die zwischen den Reservoiren und der arbeitenden Substanz übergehen. Nach dieser Definition der Temperatur muß also

$$\frac{Q_2}{Q_1} = \frac{T_2}{T_1} \quad \text{und} \quad \eta = \frac{T_1 - T_2}{T_1} \tag{6}$$

sein.

§ 42. Die Entropie

Die einfachste Form eines völlig umkehrbaren thermischen Prozesses stellt eine zuerst von CARNOT im Jahre 1824 betrachtete und darum gewöhnlich als CARNOTscher Kreisprozeß bezeichnete Kombination von vier Teilvorgängen dar, von denen zwei bei konstanter Temperatur oder, wie man sagt, isotherm und zwei ohne Wärmezufuhr oder Wärmeabgabe, also, wie man sagt, adiabatisch[1] verlaufen. Die isothermen Teilvorgänge denkt man sich derart verwirklicht, daß während ihrer der den Kreisprozeß durchlaufende Körper mit einem Wärmereservoir von der betreffenden Temperatur verbunden ist.

Stellen wir nun den Zustand eines homogenen Körpers graphisch in einer V-p-Ebene dar, so können wir einerseits eine Schar von Kurven konstruieren, die Zustandsänderungen bei konstanter Temperatur entsprechen und die darum kurz als Isothermen bezeichnet werden mögen; andererseits können wir eine Schar von Kurven legen, die adiabatische Zustandsänderungen darstellen und die darum kurz Adiabaten genannt werden mögen. Da der Zustand eines homogenen Körpers in thermischer Hinsicht durch Druck und Volumen vollkommen bestimmt ist, so kann natürlich kein Punkt der V-p-Ebene zwei Kurven verschiedener Temperatur angehören, so daß zwei Isothermen einander nie schneiden können. Ebenso folgt aus dem ersten Hauptsatz (Gl. 2 des § 40, worin $dQ = 0$ zu setzen ist), daß für eine adiabatische Volumausdehnung die Änderung der inneren Energie eindeutig festgelegt ist. Da die innere Energie durch Druck und Volumen eindeutig bestimmt ist, können somit von einem und demselben Punkte der V-p-Ebene nie zwei verschiedene Adiabaten ausgehen; auch zwei Adiabaten können daher einander nie schneiden.

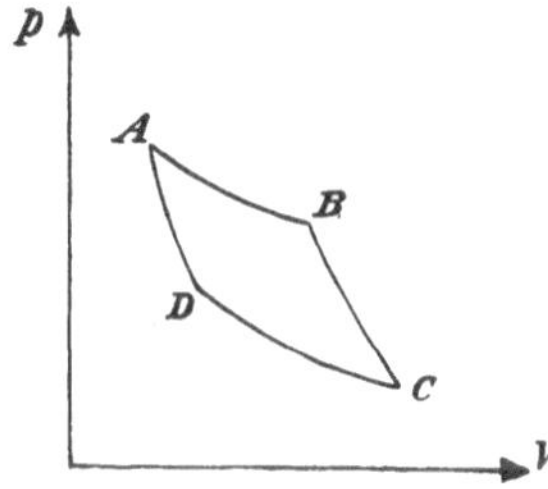

Fig. 9.

Bedeutet nun der Punkt A der V-p-Ebene (Fig. 9) irgendeinen Anfangszustand, so erhalten wir einen CARNOTschen Kreisprozeß[2], indem wir durch den Punkt A eine Isotherme legen, entlang dieser

[1] Hindurchgehen heißt auf Griechisch διαβαίνειν.

[2] Die exakt-mathematische Behandlung des CARNOTschen Kreisprozesses auf Grund der graphischen Darstellung geht auf CLAPEYRON (1833) zurück.

in der Richtung zunehmenden Volumens bis zu einem beliebig gewählten Punkte B fortschreiten, dann durch B eine Adiabate legen und diese wieder in der Richtung zunehmenden Volumens bis zu einem dritten Punkte C verfolgen. Durch den Punkt C legen wir wieder eine Isotherme und schreiten längs dieser nun in entgegengesetztem Sinne, nämlich in der Richtung abnehmenden Volumens, fort, bis wir den Punkt D erreichen, in dem diese Isotherme von der durch den Punkt A gelegten Adiabate geschnitten wird. Der Isothermen AB entspreche eine Temperatur T' und eine Wärmeaufnahme im Betrage Q'; der Isothermen CD entspreche eine Temperatur T'' und eine Wärmeabgabe in Betrage Q''. Verstehen wir nun im folgenden unter einer positiven Größe Q eine aufgenommene, hingegen unter einer negativen Größe Q eine abgegebene Wärmemenge, und rechnen wir dementsprechend Q' positiv und Q'' negativ, so muß für den betrachteten CARNOTschen Kreisprozeß (nach der hinsichtlich der Vorzeichen modifizierten Gl. 6 des § 41) die Beziehung gelten:

(1) $$\frac{Q'}{T'} + \frac{Q''}{T''} = 0\,.$$

Die bisherigen Betrachtungen können, wie sich zeigen läßt, auf einen ganz beliebigen Kreisprozeß verallgemeinert werden. Zeichnen wir in der V-p-Ebene eine beliebige geschlossene Kurve, die irgendeinen völlig umkehrbaren Kreisprozeß darstellt, so gilt in Analogie zu Gl. 1, wie sich exakt beweisen läßt, für das über die ganze Kurve erstreckte Integral die Beziehung

(2) $$\oint \frac{dQ}{T} = 0\,.$$

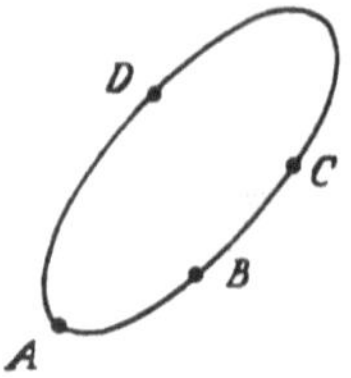

Fig. 10

Sind nun A, B, C und D vier Punkte der Kurve (Fig. 10), so muß daher das Integral von A über B nach C entgegengesetzt gleich sein dem Integral von C über D nach A, oder anders ausgedrückt, es muß das Integral von A über B nach C dem Integral von A über D nach C gleich sein; d. h. der Wert des Integrals von dQ/T ist von dem Wege unabhängig, der in der V-p-Ebene der Zustandsänderung entspricht. Wir können daher, wenn A und B zwei beliebige Zustände eines einzelnen homogenen Körpers sind,

(3) $$\int_A^B \frac{dQ}{T} = S_B - S_A$$

setzen, wobei S eine nur von dem augenblicklichen Zustand des Körpers abhängige Größe bedeutet. Diese Größe wird nach CLAUSIUS, der sie in die Physik (1854) einführte, als die Entropie des Körpers bezeichnet; sie ist also durch die Gleichung definiert:

$$(4) \qquad dS = \frac{dQ}{T}.$$

Doch erscheint auf Grund dieser Definition der Wert der Entropie nur bis auf eine unbestimmte additive Konstante festgelegt.

Da der augenblickliche Zustand eines homogenen Körpers durch sein Volumen und seinen Druck vollkommen bestimmt ist, so muß bei gegebenem Volumen und gegebenem Druck auch die Temperatur des Körpers gegeben sein. Volumen, Druck und Temperatur müssen somit durch eine „Zustandsgleichung" verknüpft sein:

$$(5) \qquad F(V, p, T) = 0.$$

Wir können also ganz allgemein Volumen, Druck und Temperatur als Zustandsvariable ansehen und sowohl die innere Energie als auch die Entropie als Funktionen von zwei beliebigen unter diesen drei Zustandsvariablen auffassen.

§ 43. Die CLAUSIUSsche Ungleichung

Betrachten wir statt eines einzelnen, homogenen Körpers ein ganz beliebiges System, so erscheint die Entropie des Systems gleich der Summe der Einzelentropien seiner Bestandteile, wobei wir die Zerlegung so weit führen können, daß die einzelnen Teile selbst als homogen und in ihrem Inneren einheitlich temperiert angesehen werden dürfen. Als besonders einfachen Fall wollen wir zunächst ein System untersuchen, das nach außen hin abgeschlossen ist und aus zwei Körpern von verschiedener Temperatur besteht.

Wir betrachten dieses System in zwei aufeinanderfolgenden Zuständen, die sich nur dadurch unterscheiden mögen, daß in der Zwischenzeit eine infinitesimale Wärmemenge von dem ersten Körper mit der Temperatur T_1 zu dem zweiten Körper mit der Temperatur T_2 übergegangen ist. Da nach dem CLAUSIUSschen Prinzip Wärme nie von selbst von einem Körper von niederer zu einem Körper von höherer Temperatur übergeht, ist dies in dem nach außen hin abgeschlossenen System nur möglich, wenn

$$(1) \qquad T_1 > T_2$$

ist. Die Entropie des ersten Körpers erfährt dann eine Verminderung um den Betrag dQ/T_1, die des zweiten eine Vermehrung um den Betrag dQ/T_2. Nach der Ungleichung (1) muß aber

$$-\frac{dQ}{T_1}+\frac{dQ}{T_2}>0 \tag{2}$$

sein; durch den Übergang der Wärmemenge dQ zwischen den beiden Körpern muß also die Gesamtentropie des Systems eine Vermehrung erfahren.

Der in dem betrachteten Fall eintretende Entropiezuwachs steht offenbar in einem ursächlichen Zusammenhang mit der Tatsache, daß der mit keinerlei Arbeitsleistung verbundene Wärmeübergang einen nicht umkehrbaren oder irreversibeln Vorgang darstellt. Denn er könnte, wenn er sich einmal abgespielt hat, nur dadurch wieder rückgängig gemacht werden, daß die aufgenommene Wärme von dem kühleren zu dem heißeren Körper zurückkehrt, was aber dem Clausiusschen Prinzip widersprechen würde. Der Entropiezuwachs ist hierbei ganz unabhängig davon, ob der Wärmeübergang die Folge einer Wärmeleitung oder einer Wärmestrahlung[1] ist.

Zu den irreversiblen Vorgängen gehört auch die durch Reibung bewirkte Umwandlung einer Arbeit in eine äquivalente Wärmemenge (Q). Einen solchen Vorgang können wir uns immer durch eine fingierte Kombination von zwei Teilvorgängen ersetzt denken, deren erster in der Arbeitsleistung nach außen, deren zweiter aber in der Aufnahme der Wärmemenge Q von außen bestünde. Die Entropie wäre dann, wenn T die Temperatur der Wärmemenge ist, wiederum um den Betrag Q/T vermehrt.

Wir betrachten nun ein ganz beliebiges System, das also keineswegs nach außen hin abgeschlossen sein muß. Für dieses System sei A ein bestimmter Gesamtzustand, in dem sich jeder Bestandteil des Systems in einem bestimmten Einzelzustand befinde. Diesem Gesamtzustand muß ein bestimmter Wert der Gesamtentropie entsprechen, der mit S_A bezeichnet werde. Wir denken uns nun das System durch Zufuhr von Wärme in einen

[1] Im Falle der Wärmestrahlung kann man annehmen, daß eine Wärmemenge dQ' von dem wärmeren zu dem kühleren Körper gestrahlt wird, während der wärmere Körper gleichzeitig eine Wärmemenge dQ'' von dem kühleren Körper zugestrahlt erhält. dQ wäre dann gleich der Differenz zwischen dQ' und dQ''.

Gesamtzustand B übergeführt, dem ein Wert S_B der Gesamtentropie zukomme.

Die zugeführte Wärme können wir uns in infinitesimale Teilbeträge dQ zerlegt denken; sie mögen positiv gerechnet werden, wenn sie durch das System aufgenommen werden, hingegen negativ, wenn sie seitens des Systems abgegeben werden. Die Temperatur, bei der die Wärme aufgenommen oder abgegeben wird, ist im allgemeinen natürlich als variabel anzusehen. Es sei ferner $\varDelta S'$ die Vermehrung, die während des Überganges des Systems von A nach B die Entropie durch Wärmeaustausch zwischen Bestandteilen von ungleicher Temperatur erfährt. Endlich sei $\varDelta S''$ der Betrag, um den während des Überganges die Entropie infolge der Entwicklung von Reibungswärme vermehrt wird. Es muß dann

$$\int \frac{dQ}{T} + \varDelta S' + \varDelta S'' = S_B - S_A \tag{3}$$

sein.

Nach dem vorhin Bewiesenen muß nun stets

$$\varDelta S' \geqq 0\,, \qquad \varDelta S'' \geqq 0 \tag{4}$$

sein. Die Kombination dieser beiden Formeln mit der Gl. 3 ergibt somit die Relation:

$$\int_A^B \frac{dQ}{T} \leqq S_B - S_A\,. \tag{5}$$

Diese wichtige Beziehung wird als die Clausiussche Ungleichung bezeichnet. Nur in dem Sonderfalle vollständiger Umkehrbarkeit verwandelt sie sich in eine Gleichung, also nur dann, wenn jeder Wärmeaustausch zwischen Körpern von verschiedener Temperatur vermieden ist und wenn keine Arbeit ohne Kompensation in Wärme übergeht. In diesem Sonderfalle vollkommener Reversibilität ist die algebraische Summe aller von außen zugeführten Wärmemengen, jede gebrochen durch die zugehörige Temperatur, der Entropiedifferenz gleich; sonst ist die durch den Übergang bewirkte Änderung der Entropie stets größer als jene Summe. In differentieller Form lautet die Clausiussche Ungleichung

$$dQ \leqq T\,dS\,. \tag{6}$$

Nur im Falle der Reversibilität deckt sich also diese für ein beliebiges zusammengesetztes System abgeleitete Formel mit der früher für einen einzelnen homogenen Körper deduzierten Gl. 4 des § 42.

Eine besonders wichtige Form nimmt die CLAUSIUSsche Ungleichung in dem Sonderfalle an, daß das System nach außen hin abgeschlossen ist, also Wärme weder von außen her aufnehmen noch nach außen hin abgeben kann. Es verschwindet dann die linke Seite der Formel (5), und wir finden

$$0 \leqq S_B - S_A$$

oder

(7) $$S_B \geqq S_A \,.$$

Die Entropie eines nach außen hin abgeschlossenen Systems kann also nur zunehmen, niemals aber abnehmen. Da die Welt als Ganzes als ein abgeschlossenes System angesehen werden kann, konnte somit CLAUSIUS im Jahre 1854 dem zweiten Hauptsatz in Verknüpfung mit dem Satze von der Erhaltung der Energie die berühmt gewordene Gestalt geben: „Die Energie der Welt ist konstant. Die Entropie der Welt strebt einem Maximum zu."

Die Vermehrung der Entropie eines abgeschlossenen Systems rührt einerseits von Wärmeübergängen zwischen verschieden temperierten Körpern, andererseits von Umwandlungen nichtthermischer Energie in Wärme her. In beiden Fällen ist mit der Zunahme der Entropie eine Verminderung der Nutzbarkeit, also des „Wertes" der vorhandenen Energie verknüpft. Denn Wärme läßt sich nach dem zweiten Hauptsatze stets nur teilweise in andere Energie verwandeln, und in um so geringerem Grade, je geringere Temperaturunterschiede zur Verfügung stehen. In diesem Sinne konnte THOMSON das ebenfalls berühmt gewordene Gesetz aussprechen, daß die an sich konstante Energie der Welt einer fortschreitenden Entwertung[2] unterliege. Die Welt strebt demnach, wie THOMSON (1851) lehrte, dem Zustande des „Wärmetodes" entgegen, in dem die gesamte Energie der Welt nur mehr aus Wärme von einheitlicher Temperatur bestünde.

§ 44. Das thermodynamische Gleichgewicht

Ersetzen wir in der CLAUSIUSschen Ungleichung (Formel 6 des § 43) gemäß dem ersten Hauptsatz dQ durch die Summe $(dU + dA)$, so ergibt sich die Formel

(1) $$dU \leqq T\,dS - dA\,;$$

dabei bedeuten wie stets U die innere Energie und A die Arbeit.

[2] Statt von einer Entwertung oder Degradation der Energie wird häufig auch von deren Zerstreuung oder Dissipation gesprochen.

Diese Beziehung muß für jede wirklich eintretende Zustandsänderung erfüllt sein, und zwar mit dem Ungleichheitszeichen, wenn die Änderung irreversibel ist. Wir sagen nun von einem System, daß es sich im thermodynamischen Gleichgewicht befinde, wenn eine infinitesimale Zustandsänderung nur in reversibler Weise möglich ist. Aus der Formel (1) erkennen wir also, daß thermodynamisches Gleichgewicht dann besteht, wenn für jede virtuelle (d. h. probeweise angenommene und mit den Bedingungen des Systems verträgliche) Zustandsänderung die linke Seite der Gl. 1 größer als die rechte oder ihr gleich ist. Denn dann ist in der Tat auf Grund der Formel (1) jede wirkliche irreversible Zustandsänderung ausgeschlossen, weil für eine solche die linke Seite der Gl. 1 kleiner als die rechte sein müßte. Die Änderungen der inneren Energie und Entropie sowie die infinitesimale Arbeit, die einer virtuellen Änderung entsprechen, mögen (ähnlich wie in § 9) mit δU, δS und δA bezeichnet werden. Nach dem vorhin Gesagten ergibt sich dann die Gleichgewichtsbedingung in der Form:

$$\delta U \geqq T\delta S - \delta A \,. \tag{2}$$

In dem besonderen Fall eines nach außen hin abgeschlossenen Systems verschwindet δA. Für ein abgeschlossenes System nimmt daher die Gleichgewichtsbedingung die einfache Form an:

$$\delta U \geqq T\,\delta S \,. \tag{3}$$

Wir finden also

$$(\delta S)_U \leqq 0 \,, \tag{4}$$

und umgekehrt

$$(\delta U)_S \geqq 0 \,, \tag{5}$$

wobei in üblicher Weise der außerhalb der Klammer angebrachte Index es zum Ausdruck bringen soll, daß bei der Variation der eingeklammerten Größe die durch den Index bezeichnete andere Größe konstant bleiben soll.

Die letzten zwei Formeln stellen die von Gibbs im Jahre 1876 deduzierten Kriterien des thermodynamischen Gleichgewichtes dar. Zum Gleichgewicht eines abgeschlossenen Systems erweist sich also die Bedingung als notwendig und hinreichend, daß für alle möglichen Zustandsänderungen, die die Energie unverändert lassen, die Änderung der Entropie null oder negativ ist. Die andere, gleichwertige Form, in der man diesen Satz aussprechen kann, gibt als Gleichgewichtsbedingung an, daß für alle möglichen Zustandsänderungen, bei denen die Entropie ungeändert bleibt, die Änderung der Energie null oder positiv ist.

§ 45. Freie Energie und thermodynamisches Potential

Wenn die seitens eines Systems verrichtete Arbeit lediglich in einer Volumänderung besteht und wenn, was im folgenden stets angenommen werde, alle Zustandsänderungen reversibel sind, so nimmt die Gl. 1 des § 44 die folgende Form an:

$$dU = T\,dS - p\,dV\,. \tag{1}$$

Dieser Gleichung können wir leicht drei andere Formen geben, indem wir die beiden Identitäten benutzen:

$$T\,dS = d(TS) - S\,dT\,; \qquad p\,dV = d(pV) - V\,dp\,. \tag{2}$$

Wir finden dann

$$dU = d(TS) - S\,dT - p\,dV\,, \tag{3}$$

$$dU = T\,dS - d(pV) + V\,dp\,, \tag{4}$$

$$dU = d(TS) - S\,dT - d(pV) + V\,dp\,. \tag{5}$$

Die letzten drei Gleichungen legen den Gedanken nahe, in die Thermodynamik drei Funktionen einzuführen, die durch folgende Gleichungen definiert seien:

$$F = U - TS\,, \quad G = U + pV\,, \quad \Phi = U - TS + pV\,. \tag{6}$$

Die drei Größen F, G und Φ werden als die thermodynamischen oder auch als die charakteristischen Funktionen bezeichnet. Sie wurden, teilweise in Anlehnung an ältere Ideen von Massieu (1869), durch Gibbs (1876) in die theoretische Physik eingeführt.

Unter Benutzung der thermodynamischen Funktionen nehmen die Gleichungen 3—5 die folgende Form an:

$$dF = -S\,dT - p\,dV\,, \tag{7}$$

$$dG = T\,dS + V\,dp\,, \tag{8}$$

$$d\Phi = -S\,dT + V\,dp\,. \tag{9}$$

Aus der Gl. 7, die zunächst betrachtet werden möge, folgt für einen isothermen Prozeß ($dT = 0$) die Beziehung

$$dF = -p\,dV \tag{10}$$

und ganz allgemein

$$dF = -dA\,. \tag{11}$$

Die als Differenz $(U - TS)$ definierte Funktion F hat also die Eigentümlichkeit, daß sie bei reversiblen isothermen Prozessen um die verrichtete Arbeit abnimmt; sie kann als ein Maß der Arbeitsfähigkeit bei konstanter Temperatur angesehen werden. HELMHOLTZ hat darum der Größe F den Namen der freien Energie gegeben.

Aus Gl. 7 folgt

$$S = -\left(\frac{\partial F}{\partial T}\right)_{dA=0}, \tag{12}$$

und daher kann die erste der Gl. 6 auch in der Form geschrieben werden

$$U - F = -T\frac{\partial F}{\partial T}, \tag{13}$$

wobei sich die partielle Differentiation auf den Fall $dA = 0$ bezieht. Diese Beziehung, die für die Untersuchung aller ohne äußere Arbeitsleistung vor sich gehenden thermischen Prozesse von größtem Nutzen ist, wird gewöhnlich als die GIBBS-HELMHOLTZsche Gleichung bezeichnet.

Mittels des Begriffes der freien Energie läßt sich auch die allgemeine thermodynamische Gleichgewichtsbedingung auf eine sehr einfache Form bringen, woferne nur isotherme Zustandsänderungen in Betracht kommen. Aus Gl. 2 des § 44 folgt nämlich für konstante Temperatur

$$\delta(U - TS) + \delta A \geqq 0. \tag{14}$$

Für ein abgeschlossenes System, für das δA verschwindet, muß daher nach der ersten der Gl. 6

$$\delta F \geqq 0 \tag{15}$$

sein. Das betrachtete System, das seinen Zustand nur isotherm ändern kann, befindet sich demnach im Gleichgewicht, wenn bei einer virtuellen Änderung die freie Energie zunimmt oder ungeändert bleibt. Ist hingegen kein Gleichgewicht vorhanden, so muß, wie die Gl. 1 des § 44 erkennen läßt, die freie Energie bei einem isothermen Prozeß abnehmen.

Die Größe Φ, die durch die Gl. 6 oder 9 definiert ist, wird gewöhnlich als das thermodynamische Potential bezeichnet[1].

---

[1] PLANCK und auch andere verstehen allerdings unter dem thermodynamischen Potential die Größe $-\Phi/T$. Die Größe G wird als Wärmefunktion bezeichnet.

Bei Benutzung dieses Begriffes nimmt die allgemeine thermodynamische Gleichgewichtsbedingung eine sehr einfache Form an, woferne für das System nur isotherm-isobare Zustandsänderungen möglich sind[2]. Ersetzen wir in Gl. 2 des § 44 δA durch den gleichbedeutenden Ausdruck $p\,\delta V$, so ergibt sich nämlich für konstante Werte von T und p nach der dritten der Gl. 6 die Beziehung:

$$\delta\Phi \geqq 0\,. \tag{16}$$

Aus den Gleichungen 1, 7, 8 und 9 ersehen wir, daß, wenn wir zu den drei Zustandsveränderlichen Druck, Volumen und Temperatur als vierte Zustandsvariable noch die Entropie hinzufügen, wir vier Funktionen bilden können, die durch je zwei unter diesen vier Zustandsveränderlichen vollständig bestimmt sind und durch partielle Differentiation nach ihnen die beiden anderen Zustandsvariablen ergeben. Diese vier Funktionen sind die innere und die freie Energie, die „Wärmefunktion" G und das thermodynamische Potential.

Wir finden z. B. aus Gl. 1

$$T = \left(\frac{\partial U}{\partial S}\right)_V, \qquad p = -\left(\frac{\partial U}{\partial V}\right)_S. \tag{17}$$

Wenn nun eine beliebige veränderliche Größe z durch zwei unabhängige Variable x und y vollkommen bestimmt ist, so muß bekanntlich ganz allgemein die Beziehung gelten:

$$\frac{\partial}{\partial y}\left(\frac{\partial z}{\partial x}\right) = \frac{\partial}{\partial x}\left(\frac{\partial z}{\partial y}\right).$$

Diese allgemein gültige Formel wollen wir auf die Gl. 17 anwenden. Wir wollen hierbei die thermodynamischen Größen auf die Masseneinheit beziehen und dementsprechend q, s und v statt Q, S und V schreiben. Endlich wollen wir beachten, daß bei der stets vorausgesetzten Reversibilität der Zustandsänderungen ds durch dq/T ersetzt werden kann. Wir finden dann aus Gl. 17

$$\left(\frac{\partial T}{\partial v}\right)_s = -\,T\left(\frac{\partial p}{\partial q}\right)_v. \tag{18}$$

Wenn wir beachten, daß Zustandsänderungen, die bei konstanter Entropie verlaufen, für die also dQ/T verschwindet, notwendigerweise auch adiabatisch sein müssen ($dQ = 0$), so erkennen wir, daß der linke Differentialquotient der Gl. 18 die Temperatur-

[2] Isobar heißt eine Zustandsänderung, die bei konstantem Druck erfolgt.

erhöhung bedeutet, die durch adiabatische Ausdehnung hervorgerufen wird; der rechte Differentialquotient der Gl. 18 bedeutet die durch Wärmezufuhr bei konstantem Volumen hervorgebrachte Druckerhöhung, und so fort.

Aus Gl. 18 erkennen wir, daß eine adiabatische Ausdehnung stets Abkühlung bewirken muß, woferne, was im allgemeinen der Fall ist, eine Wärmezufuhr bei konstantem Volumen den Druck erhöht. Im allgemeinen wird daher umgekehrt ein Körper durch adiabatische Kompression erwärmt, wofür das pneumatische Feuerzeug ein bekanntes Beispiel bietet.

Gl. 18 ist eine unter vier Beziehungen, die als MAXWELLsche Relationen bezeichnet werden und deren andere sich durch ähnliche Deduktionen gewinnen lassen. Aus einer dieser Relationen ist ersichtlich, daß eine adiabatische Vermehrung des Drucks die Temperatur erhöht oder erniedrigt, je nachdem ob bei konstantem Druck eine Wärmezufuhr das Volumen vergrößert oder verkleinert. Bei Wasser bewirkt z. B. bekanntlich oberhalb von 4° C (der Temperatur, der die größte Dichte entspricht) eine Erwärmung bei konstantem Druck eine Ausdehnung; unterhalb von 4° ruft hingegen (als Ausnahme von der Regel) eine Erwärmung eine Volumverringerung hervor. Wird daher bei einer Temperatur von mehr als 4° der Druck, unter dem Wasser steht, erhöht, so muß sich das Wasser erwärmen; wird dagegen der Druck bei einer Temperatur unterhalb von 4° erhöht, so muß sich das Wasser abkühlen. Diese Folgerungen aus der Theorie werden in der Tat durch die Erfahrung bestätigt.

§ 46. Das heterogene Einstoffsystem

Wenn wir von der Betrachtung eines homogenen Körpers zu der Untersuchung einer in physikalischer Hinsicht homogenen Mischung verschiedener Stoffe[1] übergehen, so können wir jedenfalls jedem der in der Mischung enthaltenen Stoffe einen bestimmten, auf die Masseneinheit bezogenen Wert der inneren Energie, der Entropie und des Volumens zuschreiben. Indem wir uns die verschiedenen Stoffe numeriert und die ihnen entsprechenden Größen durch Indices gekennzeichnet denken, mögen die

[1] Die physikalische Homogenität bedeutet, daß die auf die Masseneinheit bezogenen Werte der inneren Energie und des Volumens vom Orte unabhängig, also für das ganze System einheitlich sein sollen, was im Falle einer Mischung natürlich auch ohne chemische Einheitlichkeit möglich ist.

vorhin genannten Größen mit u_i, s_i und v_i bezeichnet werden, während m_i die Masse des $i$ten Stoffes sei.

Für die gesamte innere Energie, für die Gesamtentropie und das Gesamtvolumen der Mischung gelten dann die Beziehungen

$$(1) \qquad U = \sum m_i u_i \,, \qquad S = \sum m_i s_i \,, \qquad V = \sum m_i v_i \,.$$

In Analogie zu Gl. 6 des § 45 können wir ferner Größen bilden, die die auf die Masseneinheit bezogenen thermodynamischen Potentiale, die sogenannten GIBBSschen oder chemischen Potentiale, darstellen und die mit μ_i bezeichnet werden mögen; es ist also

$$(2) \qquad \mu_i = u_i - T s_i + p v_i \,,$$

und natürlich in Übereinstimmung mit Gl. 1 sowie mit Gl. 6 des § 45

$$(3) \qquad \sum m_i \mu_i = U - TS + pV = \Phi \,,$$

wobei Φ das thermodynamische Potential der Mischung bedeutet.

Die früheren Betrachtungen mögen nun dahin verallgemeinert werden, daß auch chemische Reaktionen als zulässig und somit die Massen selbst als veränderlich angesehen werden. Die Deduktionen führen dann zu folgender Beziehung:

$$(4) \qquad \sum m_i \, d\mu_i = V \, dp - S \, dT \,,$$

und daraus folgt für eine isobar-isotherme Zustandsänderung

$$(5) \qquad \sum m_i \, d\mu_i = 0 \,.$$

Die Gl. 4 gilt natürlich auch für ein homogenes System, das nur einen einzigen Stoff, jedoch mit veränderlicher Masse enthält. Unter Fortlassung des Summenzeichens und des Index ist dann die Gl. 4 in der Form anwendbar

$$(6) \qquad m \, d\mu = V \, dp - S \, dT \,.$$

Ferner läßt sich für diesen Fall die Beziehung ableiten

$$(7) \qquad dU = T \, dS - p \, dV + \mu \, dm \,.$$

Besteht nun ein System aus mehreren, räumlich aneinander grenzenden, untereinander verschiedenen Teilen, deren jeder für sich homogen wäre, so wird ein solches System als heterogen bezeichnet, und seine einzelnen, benachbarten Teile werden nach GIBBS die Phasen des Systems genannt. Ist ein solches System aus einem einzigen Stoffe gebildet, stellt es also ein sogenanntes Einstoffsystem dar, so entsprechen die verschiedenen Phasen verschiedenen Aggregatzuständen oder verschiedenen allotropen festen Modifikationen, die sich untereinander hinsichtlich physikalischer Eigenschaften, wie der Dichte, der spezifischen Wärme und der Kristallisation unterscheiden (z. B. rhombischer und monokliner Schwefel).

Es ergibt sich nun die wichtige Frage, unter welchen Bedingungen die einzelnen Phasen untereinander im thermodynamischen Gleichgewicht stehen. Da sich sowohl die Gesamtenergie als auch die Gesamtentropie durch Summierung der auf die einzelnen Phasen entfallenden Teilwerte ergibt, so können wir, woferne wir nur reversible Zustandsänderungen betrachten, die allgemeingültige Gl. 5 des § 44 in der Form benutzen

(8) $$\sum \delta U_k = 0$$

mit der Nebenbedingung

(9) $$\sum \delta S_k = 0\,,$$

wobei durch den Index k die einzelnen Phasen unterschieden seien[2]. Die vorausgesetzte Abgeschlossenheit des Systems äußert sich darin, daß sowohl das Gesamtvolumen als auch die Gesamtmasse bei der Variation ungeändert bleiben müssen. Da sich auch diese beiden Gesamtgrößen durch Summierung über die einzelnen Phasen ergeben, so kommen infolge der Abgeschlossenheit des Systems die weiteren zwei Nebenbedingungen hinzu:

(10) $$\sum \delta V_k = 0\,, \qquad \sum \delta m_k = 0\,.$$

Da die einzelnen Phasen für sich homogene Systeme mit veränderlichen Massen darstellen, so gilt für jede Phase die Gl. 7, in der wir uns das Differentiationssymbol durch das Variationszeichen ersetzt und sämtliche Größen mit einem die Phase kennzeichnenden Index k versehen denken müssen. Die Gl. 8 kann daher in der Form geschrieben werden:

(11) $$\delta U = \sum T_k \, \delta S_k - \sum p_k \, \delta V_k + \sum \mu_k \, \delta m_k = 0\,.$$

Diese Beziehung kann aber offenbar nur dann ganz allgemein gleichzeitig mit den durch die Gl. 9 und 10 ausgedrückten Nebenbedingungen erfüllt sein, wenn das heterogene System eine einheitliche Temperatur und einen einheitlichen Druck aufweist und das chemische Potential des Stoffes in allen

[2] Es werde der Index i zur Unterscheidung der Stoffe, der Index k zur Unterscheidung der Phasen gebraucht.

im Gleichgewicht koexistierenden Phasen denselben Wert hat.

Für jede Phase gilt nun, wenn wir die Einheitlichkeit von T, p und μ beachten, nach Gl. 6 die Beziehung:

$$m_k \, d\mu = V_k \, dp - S_k \, dT \,. \tag{12}$$

Für jede Phase ist also (wie wir durch Auflösung dieser Gleichung nach dp erkennen) der Druck durch die Temperatur und das chemische Potential vollkommen bestimmt; für jede Phase gilt somit eine Gleichung von der Form:

$$p = f_k(T, \mu) \,. \tag{13}$$

Jede dieser Gleichungen, deren es ebensoviel wie koexistierende Phasen geben muß, enthält nun drei Unbekannte, nämlich T, p und μ, welche Unbekannte nach dem früher Gesagten in allen Gleichungen dieselben Werte haben müssen. In dem betrachteten Falle eines Einstoffsystems sind daher auch nicht mehr als drei Gleichungen miteinander verträglich; es können also, mit anderen Worten, nicht mehr als drei Phasen eines einzelnen Stoffes koexistieren. Im Falle des Schwefels können z. B. die beiden festen Phasen mit flüssigem Schwefel oder mit Schwefeldampf koexistieren, oder es kann einer der beiden festen Zustände mit Flüssigkeit und Dampf koexistieren; dagegen können unmöglich sämtliche vier Phasen gleichzeitig nebeneinander bestehen.

Eine Koexistenz von drei bestimmten Phasen ist, weil dann die Zahl der Gleichungen ebenso groß wie die Zahl der Unbekannten ist, nur bei ganz bestimmten Werten des Drucks und der Temperatur möglich. Bei der Koexistenz von zwei Phasen eines einzelnen Stoffes entspricht jedem gegebenen Werte des Druckes ein ganz bestimmter Wert der Temperatur, und umgekehrt.

Auf Grund der Tatsache, daß im Gleichgewicht zwei koexistierende Phasen das gleiche GIBBSsche Potential haben müssen, läßt sich eine wichtige Beziehung für die Umwandlungswärme q ableiten, die notwendig ist, um bei konstantem Druck die Masseneinheit des Stoffs aus einer Phase in eine zweite überzuführen, nämlich

$$\frac{dp}{dT} = \frac{q}{T(v'' - v')} \,; \tag{14}$$

dabei bedeuten v' und v'' die Werte des von der Masseneinheit in den beiden Phasen erfüllten Volumens. Die Gl. 14 wird, weil sie zuerst von CLAPEYRON (1834) abgeleitet und später von CLAUSIUS

(1850) exakt bewiesen wurde, gewöhnlich als die CLAPEYRON-CLAUSIUSsche Gleichung bezeichnet.

Auch für den Temperaturverlauf der Umwandlungswärme ergibt sich eine einfache Beziehung, nämlich

$$\left(\frac{\partial q}{\partial T}\right)_p = c_p'' - c_p' , \tag{15}$$

wobei c_p' und c_p'' die spezifischen Wärmen der beiden Phasen bei konstantem Druck bedeuten.

§ 47. Die GIBBSsche Phasenregel

Die für ein heterogenes Einstoffsystem gewonnenen Beziehungen lassen sich auch leicht für ein heterogenes Mehrstoffsystem verallgemeinern. Bei einem solchen müssen zwei Mannigfaltigkeiten unterschieden werden, die der Phasen und der Stoffe. Unter den Stoffen kann nun eine bestimmte Anzahl (n) dadurch als unabhängige Komponenten des Systems ausgewählt werden, daß man von den in dem System enthaltenen Grundstoffen so viele ausscheidet, als die Zahl der Reaktionsgleichungen beträgt, die die in dem System sich abspielenden oder möglicherweise eintretenden chemischen Prozesse beschreiben.

Es läßt sich zeigen, daß sich ein heterogenes Mehrstoffsystem im thermodynamischen Gleichgewicht befindet, wenn es einheitliche Temperatur und einheitlichen Druck aufweist und für die verschiedenen unabhängigen Komponenten das chemische Potential in sämtlichen Phasen denselben Wert hat. In Verallgemeinerung der Gl. 13 des § 46 ergeben sich für die einzelnen Phasen Gleichungen von der Form

$$p = f_k(T, \mu_1, \mu_2 \ldots \mu_n) , \tag{1}$$

wobei sich der Index k auf die verschiedenen Phasen bezieht. Jede dieser Gleichungen, deren es ebensoviel wie koexistierende Phasen geben muß, enthält nun $n + 2$ Unbekannte, nämlich den Druck, die Temperatur und die chemischen Potentiale der unabhängigen Komponenten.

Da indessen die Zahl der Gleichungen die Zahl der Unbekannten nicht übertreffen kann, so erkennen wir ganz allgemein, daß die Zahl der koexistierenden Phasen die Zahl der unabhängigen Komponenten höchstens um zwei überragen kann. Bezeichnen wir die Zahl der koexistierenden Phasen mit r, so gilt die als GIBBSsche Phasenregel bezeichnete Beziehung

$$r \leqq n + 2 . \tag{2}$$

§ 48. Der Nernstsche Wärmesatz

Die beiden Hauptsätze der Thermodynamik fanden eine bedeutungsvolle Ergänzung durch ein auch als dritter Hauptsatz bezeichnetes Theorem, das im Jahre 1906 durch Nernst aufgestellt wurde. In der allgemeineren Fassung durch Planck besagt es, daß bei dem absoluten Nullpunkt die Entropie eines jeden chemisch homogenen Körpers von endlicher Dichte den Wert Null besitzt. Indem das Verschwinden der Nullpunktsentropie nur für den Fall endlicher Dichte postuliert wird, werden die idealen Gase ausgeschlossen, für die bei dem Nullpunkte die Dichte unendlich groß werden müßte.

Auf Grund des Nernstschen Theorems läßt sich für die auf die Masseneinheit bezogene Entropie eines festen oder flüssigen Körpers bei beliebiger Temperatur T die Formel ableiten

$$s = \int_0^T \frac{c_p}{T} \, dT \,, \tag{1}$$

wobei c_p die spezifische Wärme bei konstantem Druck bedeutet. Aus dieser Beziehung folgt aber, daß die spezifische Wärme gegen Null abfallen muß, wenn sich die Temperatur dem absoluten Nullpunkt nähert; denn sonst wäre gemäß Gl. 1, was wohl als unmöglich angesehen werden muß, die Entropie bei endlicher Temperatur unendlich groß[1]. In der Tat zeigt die experimentelle Erfahrung den Abfall der spezifischen Wärme bei tiefen Temperaturen.

Aus dem Temperaturabfall der spezifischen Wärme folgt auch, wie sich zeigen läßt, ein Abfall des Ausdehnungskoeffizienten im Bereiche sehr tiefer Temperaturen; auch diese Folgerung aus der Theorie ist durch Messungen empirisch bestätigt worden.

Zehntes Kapitel

Die Anwendungen der thermodynamischen Prinzipe

§ 49. Die idealen Gase

Die Grundlage der Thermodynamik der Gase bildet das auf empirischem Wege gewonnene sogenannte Gasgesetz; danach

[1] Der Quotient c_p/T kann für $T = 0$ nur dann endlich bleiben, wenn auch $c_p = 0$ für $T = 0$ wird.

sind Druck (p) und Volumen (V) eines Gases mit dessen Temperatur (T) durch die Beziehung verknüpft

(1) $$pV = nRT\,,$$

wobei

(2) $$R = 8{,}313\cdot 10^7\ \mathrm{erg/grad} = 1{,}986\ \mathrm{cal/grad}$$

eine universelle Konstante, die sogenannte Gaskonstante, ist. n bedeutet die Molzahl, nämlich den Quotienten aus der Masse des Gases und seinem Molekulargewicht[1].

Durch einfache thermodynamische Überlegungen ergibt sich für ein ideales, nämlich für ein dem Gasgesetz gehorchendes Gas zunächst die wichtige Folgerung, daß seine innere Energie lediglich von der Temperatur abhängt, hingegen von dem Volumen unabhängig ist, was in der Tat mit ziemlicher Annäherung durch das Experiment bestätigt wird[2]. Für den Unterschied der beiden Molwärmen, nämlich die Differenz der auf 1 Mol bezogenen spezifischen Wärmen bei konstantem Druck und konstantem Volumen, folgt aus dem Gasgesetz mittels allgemeiner thermodynamischer Prinzipe

(3) $$C_p - C_v = R\,.$$

Schließlich folgt für eine adiabatische Zustandsänderung das Poissonsche Gesetz in der Form

(4) $$pV^{\varkappa} = \mathrm{const} \quad \text{bzw.} \quad TV^{\varkappa-1} = \mathrm{const}\,,$$

wobei $\varkappa$ das Verhältnis der spezifischen Wärme bei konstantem Druck zu derjenigen bei konstantem Volumen bedeutet.

Der Druck einer Gasmischung ist nach einem von Dalton

[1] Zuerst entdeckte (1660) Boyle, daß bei gegebener Temperatur der Druck und das Volumen eines Gases einander umgekehrt proportional sind. 1802 stellte dann Gay-Lussac fest, daß sich bei einer Erwärmung um 1° sämtliche Gase bei konstantem Druck um 1/273 desjenigen Volumens ausdehnen, das sie bei 0° erfüllen. Schließlich fand 1811 Avogadro, daß sich bei gegebenem Druck und gegebener Temperatur die Dichten verschiedener Gase so wie ihre Molekulargewichte verhalten. Die Kombination der genannten drei Entdeckungen ergab das Gasgesetz. Andererseits führte das Gay-Lussacsche Gesetz zu dem Begriff der absoluten Temperatur, deren Nullpunkt 273° unterhalb des Schmelzpunktes des Eises liegt.

[2] Bei einem bereits von Gay-Lussac 1806 ausgeführten Experiment wurden zwei gleiche Metallgefäße, die durch einen Hahn verbunden waren, in Wasser getaucht. Das eine Gefäß enthielt komprimiertes Gas, während das andere evakuiert war. Wurde der Hahn geöffnet, also das Volumen des Gases ohne Arbeitsleistung vergrößert, so zeigte der Versuch, daß die Temperatur des Wassers nahezu ungeändert blieb.

1801 aufgefundenen und nach ihm benannten Gesetz gleich der Summe der Partialdrucke, die jeder Bestandteil der Mischung für sich ausüben würde, wenn er allein das von der Mischung eingenommene Volumen erfüllen würde.

§ 50. Die Zustandsgleichung von VAN DER WAALS

Die Abweichungen der wirklichen Gase von dem idealen Gasgesetz hat VAN DER WAALS (1873) durch eine Zustandsgleichung beschrieben, die sich durch verhältnismäßig einfache theoretische Überlegungen ergab und die durch die Erfahrung recht gut bestätigt wird. VAN DER WAALS berücksichtigte einerseits die Tatsache, daß infolge der Kohäsion offenbar anziehende Kräfte im Innern eines Gases wirken, andererseits aber auch den Umstand, daß infolge der molekularen Zusammensetzung das Volumen eines Gases nicht unter eine bestimmte Grenze verringert werden kann.

Die inneren Anziehungskräfte halten ein Gas ebenso wie ein äußerer Druck zusammen. Man kann ihnen somit Rechnung tragen, indem man sich den äußeren Druck um ein Zusatzglied vermehrt denkt. Dieses muß um so größer sein, je dichter das Gas ist. Es kann proportional dem Quadrate der Dichte gesetzt werden, woferne man in naheliegender Weise für das unbestimmt gelassene Gesetz der inneren Anziehung eine ähnliche Form wie für das NEWTONsche Gravitationsgesetz oder das COULOMBsche Gesetz annimmt. Da die Dichte zu dem spezifischen Volumen reziprok ist, so kann dem Zusatzglied die Form a/v^2 gegeben werden, wobei a eine für das betreffende Gas charakteristische Konstante bedeutet. Eine zweite für das Gas kennzeichnende Konstante ist die untere Grenze b, bis zu der sein spezifisches Volumen verringert werden kann. In der Zustandsgleichung tritt somit an die Stelle von v die Differenz $v - b$, und somit ergibt sich die verbesserte Zustandsgleichung in der Form

$$\left(p + \frac{a}{v^2}\right)(v - b) = R' T \; ; \tag{1}$$

dabei bedeutet R' den Quotienten aus der Gaskonstanten und dem Molekulargewicht[1].

[1] Nach dem idealen Gasgesetz ist ja

$$p V = \frac{m R T}{M},$$

wenn m die Masse des Gases und M sein Molekulargewicht ist; andererseits ist V gleich $m v$.

Wird der Zustand eines Gases graphisch in einer v-p-Ebene dargestellt, so entsprechen der Gl. 1 als einer Gleichung dritten Grades Kurven, die von einer der v-Achse parallelen Geraden in drei Punkten geschnitten werden, woferne die Gleichung drei reelle Wurzeln hat (Fig. 11); zu einem bestimmten Druck gehören dann drei Werte v_1, v_2, v_3, wobei $v_1 < v_2 < v_3$ sei.

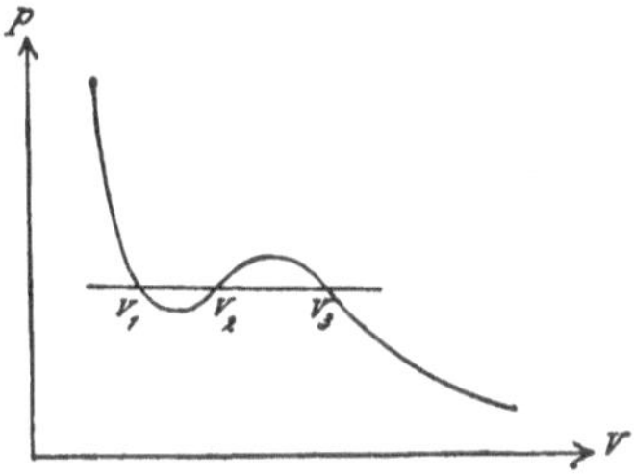

Fig. 11.

Die Bedeutung dieser drei Werte läßt sich in Übereinstimmung mit der Erfahrung so erklären, daß bei einem spezifischen Volumen, kleiner als v_1, der Körper flüssig ist, bei einem spezifischen Volumen, größer als v_3, hingegen gasförmig, während bei den Werten zwischen v_1 und v_3 sowohl der flüssige als auch der gasförmige Aggregatzustand möglich ist. Der Teil der Isotherme, der zwischen v_1 und v_3 liegt, weist nun ein Minimum und ein Maximum auf. Das Kurvenstück zwischen Minimum und Maximum läßt sich allerdings nicht realisieren, weil sonst mit zunehmendem Druck auch das Volumen zunehmen müßte. Hingegen läßt sich unter geeigneten Umständen wenigstens ein Teil desjenigen Kurvenstücks verwirklichen, das von v_1 bis zum Minimum reicht, und ebenso ein Teil jenes Kurvenstücks, das vom Maximum bis zu v_3 führt. Das erste Kurvenstück stellt den Zustand der überhitzten Flüssigkeit dar, das zweite den des unterkühlten oder, wie man auch sagt, übersättigten Dampfes. Koexistieren die flüssige und die gasförmige Phase, so tritt wegen der dann vorhandenen Konstanz des Druckes an die Stelle der krummen Linie ein gerades Kurvenstück, das sich von v_1 bis v_3 erstreckt.

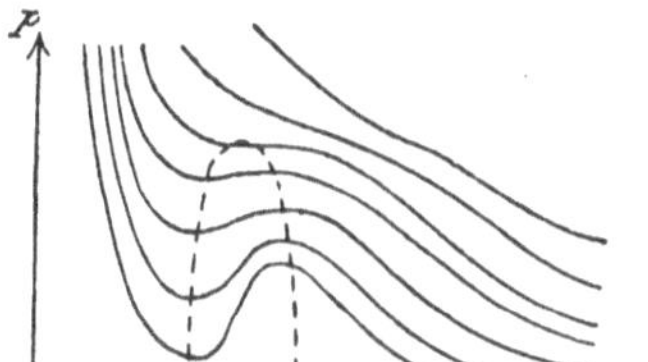

Fig. 12.

Zeichnet man die Schar der Isothermen im Sinne der van der Waalsschen Gleichung (Fig. 12), so erkennt man, daß mit zunehmender Temperatur das Kurvenminimum und das Kurvenmaximum immer näher zusammenrücken. Es läßt sich derart eine weitere Kurve konstruieren, die in Fig. 12 gestrichelt ist und die in ihrem aufsteigenden Aste die Minima aller Isothermen, in ihrem absteigenden Aste aber die Maxima aller Isothermen vereinigt. Diese Kurve besitzt einen Gipfel, ein Maximum, in einem bestimmten Punkte, und der durch diesen repräsentierte Zustand des Gases wird nun als sein kritischer Zustand bezeichnet. Ihm entsprechen eine kritische Temperatur, ein kritischer Druck und ein kritisches spezifisches Volumen. Bei Temperaturen, die oberhalb der kritischen liegen, erscheint eine Verflüssigung überhaupt unmöglich, weil alle höheren Isothermen immer nur eine einzige reelle Wurzel für v ergeben können.

Nun sind Minimum und Maximum jeder Isotherme dadurch charakterisiert, daß für sie die Tangente der Isotherme zu der v-Achse parallel wird. Die Gleichung $dp/dv = 0$, in der für p der Wert aus Gl. 1 einzusetzen ist, ist also die Gleichung der in Fig. 12 gestrichelten Kurve.

Der den kritischen Zustand repräsentierende Gipfel der Kurve ist wiederum dadurch charakterisiert, daß für ihn die Tangente an die gestrichelte Kurve horizontal wird. Man hat also, um die kritischen Werte von v und p zu bestimmen, die nach p aufgelöste Gleichung der gestrichelten Kurve nochmals nach v zu differentiieren und den Differentialquotienten abermals gleich Null zu setzen. Die Ausführung der Rechnung ergibt für die kritischen Zustandsgrößen:

$$(2) \qquad v^* = 3\,b\,, \qquad p^* = \frac{a}{27\,b^2}\,, \qquad T^* = \frac{8\,a}{27\,b\,R'}\,.$$

Die Konstanten a und b, die die Abweichungen von dem idealen Gaszustand kennzeichnen, sind am kleinsten bei Wasserstoff, woraus sich dessen besondere Eignung für thermometrische Zwecke erklärt. Im übrigen folgt aus der VAN DER WAALSschen Gleichung, daß die Abweichungen um so geringer sind, je größer das spezifische Volumen ist. Bei genügend geringer Dichte müßten also alle wirklichen Gase dem idealen Gasgesetz gehorchen.

§ 51. Die Umwandlungen der Aggregatzustände

Ein aus zwei koexistierenden Aggregatzuständen eines Stoffes gebildetes System hat, wie bereits in einem früheren Abschnitt (§ 46) dargelegt wurde, die Eigentümlichkeit, daß sein Zustand durch eine einzige Zustandsvariable festgelegt ist; sowohl die auf die Masseneinheit bezogene innere Energie als auch der Druck sind, solange die beiden Aggregatzustände im Gleichgewicht nebeneinander bestehen, lediglich Funktionen der Temperatur. Dies trifft also auch für Dampf zu, der mit seiner Flüssigkeit koexistiert und als gesättigter Dampf bezeichnet wird. Der Dampfdruck, auch Dampfspannung genannt, hängt, solange der Dampf gesättigt ist, nur von der Temperatur ab. Erst wenn eine völlige Verdampfung der Flüssigkeit herbeigeführt ist, wird für den dann „überhitzten" Dampf der Druck, gemäß dem BOYLEschen Gesetz, auch von dem spezifischen Volumen abhängig[1].

Umgekehrt ist natürlich im Falle der Koexistenz die Temperatur durch den Druck völlig bestimmt, so daß jeder Stoff bei gegebenem Druck (z. B. bei normalem Atmosphärendruck) einen bestimmten Schmelzpunkt und Siedepunkt besitzt. Die Abhängigkeit der Übergangstemperatur von dem Druck ergibt sich aus der CLAPEYRON-CLAUSIUSschen Gleichung (Gl. 14 des § 46); danach ist

$$\frac{dT}{dp} = \frac{T\,(v'' - v')}{q}, \tag{1}$$

wenn q die auf die Masseneinheit bezogene Umwandlungswärme bedeutet, v'' das spezifische Volumen der höheren und v' das der niederen Phase; als die höhere Phase ist dabei diejenige anzusehen, in die die Umwandlung unter Wärmeverbrauch erfolgt, so daß der dampfförmige Aggregatzustand höher als der flüssige und dieser wieder höher als der feste ist.

Aus der Gl. 1 folgt, daß die Umwandlungstemperatur durch eine Steigerung des Druckes erhöht oder erniedrigt wird, je nachdem ob in der höheren Phase das spezifische Volumen größer oder kleiner als in der niederen ist. Da einem Dampfe stets ein größeres spezifisches Volumen (mit anderen Worten, eine geringere Dichte) als einer Flüssigkeit zukommt, so ist im Falle der Verdampfung der Differentialquotient dT/dp stets positiv. Der Siedepunkt wird also durch eine Steigerung des Drucks stets erhöht.

Bei dem Vorgang des Schmelzens muß unterschieden werden, ob die Dichte im festen oder im flüssigen Zustand größer ist. Da die flüssige Phase die höhere ist (deren spezifisches Volumen mit v'' bezeichnet wurde), so ist der Unterschied $(v'' - v')$ und somit auch dT/dp im ersten Falle positiv, im zweiten negativ.

[1] Statt von überhitztem wird auch von ungesättigtem Dampfe gesprochen. In dem Grenzfall des Überganges aus dem überhitzten in den gesättigten Zustand ist der gesättigte Dampf „trocken", sonst wegen der Koexistenz der Flüssigkeit „naß".

Wachs ist beispielsweise im festen Zustand dichter als im flüssigen, und darum erfährt sein Schmelzpunkt durch eine Drucksteigerung eine Erhöhung. Hingegen ist Eis weniger dicht als Wasser von 0°, und in der Tat wird der Gefrierpunkt des Wassers durch eine Drucksteigerung erniedrigt.

Der funktionelle Zusammenhang, der im Falle der Koexistenz zweier Aggregatzustände Druck und Temperatur miteinander verknüpft, findet bei graphischer Darstellung der Zustände in einer T-p-Ebene in einer bestimmten Übergangskurve seinen Ausdruck; in diesem Sinne wird von einer Verdampfungs-, einer Schmelz- und einer Sublimationskurve gesprochen. Die Verdampfungskurve muß, weil für sie nach dem vorhin Gesagten dT/dp und daher auch dp/dT stets positiv ist, mit der positiven Richtung der T-Achse stets einen spitzen Winkel einschließen. Dasselbe muß natürlich auch von der Sublimationskurve gelten, weil die Dichte eines Dampfes stets geringer als diejenige eines festen Körpers ist. Hingegen kann nach dem vorhin Gesagten die Schmelzkurve mit der positiven T-Achse sowohl einen spitzen als auch einen stumpfen Winkel bilden. Letzteres muß z. B. nach den vorhergegangenen Erörterungen bei Wasser der Fall sein (vgl. die spätere Fig. 14).

Jede Übergangskurve scheidet die Zustandsgebiete zweier Phasen voneinander. Da bei gegebenem Druck die höhere Phase der höheren Temperatur entsprechen muß, so muß eine parallel zu der T-Achse und in deren positivem Richtungssinn gelegte Gerade, die die Übergangskurve schneidet, aus dem Gebiet der niederen in das der höheren Phase führen (Fig. 13). Hieraus folgt beispielsweise, daß im Zustande der Sättigung die Temperatur eines Dampfes die tiefste Temperatur darstellt, deren der Dampf bei dem bestehenden Druck überhaupt fähig ist. Da, wie schon gezeigt wurde, die Richtung der Verdampfungskurve stets einen spitzen Winkel mit der positiven Richtung der T-Achse einschließt, so folgt umgekehrt (vgl. Fig. 13), daß der Druck eines gesättigten Dampfes für die bestehende Temperatur stets einen Maximaldruck darstellt. Fortgesetzte

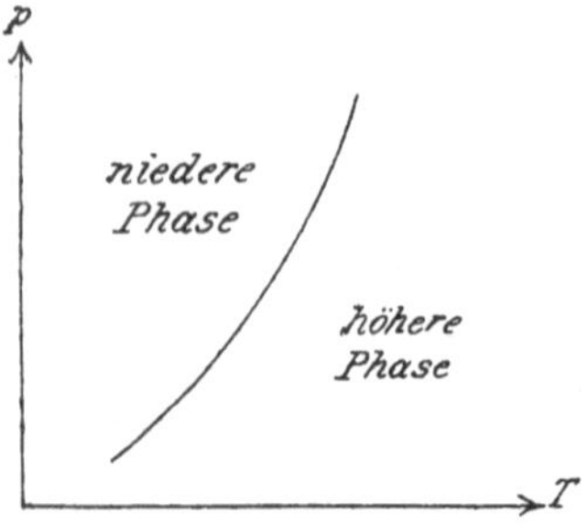

Fig. 13.

Druckerhöhung eines überhitzten Dampfes muß daher schließlich zur Kondensation führen.

Für den Fall der Verdampfung nimmt auch die CLAPEYRON-CLAUSIUSsche Gleichung insofern eine einfachere, näherungsweise gültige Form an, als das spezifische Volumen der Flüssigkeit neben dem spezifischen Volumen des Dampfes vernachlässigt werden kann (für Wasser bei 100° ist z. B. v'' rund 1700mal größer als v'). Bezeichnen wir die auf die Masseneinheit bezogene Verdampfungswärme mit r, so wird also nach Gl. 1

$$\frac{dp}{dT} = \frac{r}{v'' T}. \tag{2}$$

Nun ist nach dem Gasgesetz, wenn wir das Molekulargewicht des Dampfes mit M bezeichnen,

$$p v'' = \frac{RT}{M}, \tag{3}$$

wobei R wieder die absolute Gaskonstante bedeutet[2]. Nach Gl. 2 wird daher, wenn wir die auf ein Mol bezogene Verdampfungswärme mit r^* bezeichnen,

$$\frac{dp}{dT} = \frac{r^* p}{RT^2} \tag{4}$$

oder auch

$$\frac{d(\ln p)}{dT} = \frac{r^*}{RT^2}. \tag{5}$$

Diese sogenannte Dampfdruckformel gestattet die Berechnung des Verlaufs der Verdampfungskurve für Temperaturbereiche, innerhalb deren die Verdampfungswärme näherungsweise als konstant angesehen werden darf.

Im Falle der Koexistenz zweier Phasen spielt neben den spezifischen Wärmen bei konstantem Volumen und konstantem Druck überdies noch die spezifische Wärme im gesättigten Zustand eine Rolle. Nennen wir sie in üblicher Weise h, so ist sie für eine Temperatur T dadurch definiert, daß $h\,dT$ diejenige Wärmemenge darstellen soll, die erforderlich ist, um die Masseneinheit der betrachteten Phase aus dem gesättigten Zustand, der der Temperatur T entspricht, in denjenigen ebenfalls gesättigten Zustand überzuführen, der der Temperatur $T + dT$ entspricht. Für sie gilt die zuerst von CLAUSIUS (1850) abgeleitete Beziehung:

$$h = \frac{dr}{dT} - \frac{r}{T} + c_p'; \tag{6}$$

[2] Vgl. Anm. 1 des § 50.

dabei bedeutet c_p' die spezifische Wärme der flüssigen Phase bei konstantem Druck. Für viele Dämpfe ist bis zu bestimmten Temperaturen (bei Wasser z. B. bis zu 489° C) die spezifische Wärme des gesättigten Zustands negativ; dies hat, wie sich zeigen läßt, zur Folge, daß eine adiabatische Kompression die Verdampfung fördert.

Daß bei einem Einstoffsystem auch sämtliche drei Aggregatzustände nebeneinander bestehen können, ist bereits in einem früheren Abschnitt (§ 46) gezeigt worden, ebenso, daß diese dreifache Koexistenz nur bei ganz bestimmten Werten des Drucks und der Temperatur möglich ist. Es müssen somit Verdampfungs-, Schmelz- und Sublimationskurve einander in einem einzigen Punkte, einem sogenannten T r i p e l p u n k t, schneiden; bei W a s s e r (vgl. Fig. 14) beträgt sein Druck 4,58 mm und seine Temperatur 0,0075° C.

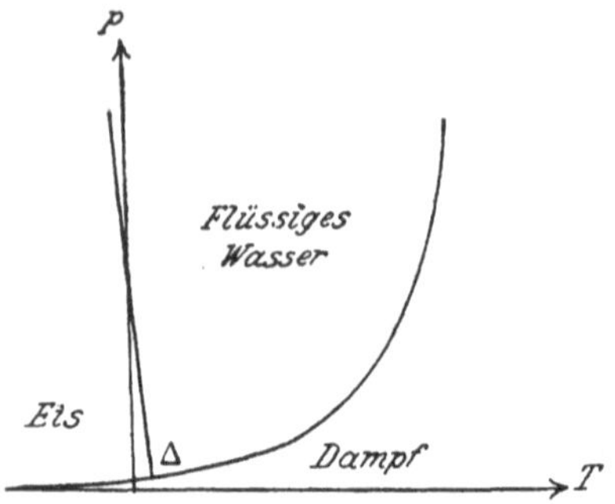

Fig. 14.

Gehen wir in der Untersuchung des Phasengleichgewichtes von dem bisher behandelten Einstoffsystem zu einem Z w e i s t o f f s y s t e m über, so ergeben sich neben Druck, Temperatur und den spezifischen Volumina als weitere Zustandsvariable die M a s s e n v e r h ä l t n i s s e der beiden Stoffe in den einzelnen Phasen. Koexistieren zwei Phasen, so genügen nach der GIBBSschen Phasenregel zwei Zustandsveränderliche, um alle anderen zu bestimmen. Betrachten wir z. B. eine mit ihrem Dampfe koexistierende flüssige Lösung, so ist bei gegebenem Druck und bei gegebener Temperatur sowohl für die Flüssigkeit als auch für den Dampf die Konzentration des gelösten Stoffes bestimmt. Umgekehrt kann man natürlich auch die Konzentration in einer der Phasen als unabhängige Variable neben dem Druck oder neben der Temperatur wählen. Aus der Phasenregel folgt dann z. B., daß bei gegebener Temperatur und gegebener Konzentration der flüssigen Lösung auch die Zusammensetzung des Dampfes sowie der Druck bestimmt sind. Man kann auch sagen, daß bei gegebenem Druck eine Lösung von gegebener Konzentration einen bestimmten Siedepunkt und eine bestimmte Konzentration ihres Dampfes aufweist, und so fort.

Koexistieren bei einem Zweistoffsystem drei Phasen, so sind nach der Phasenregel bereits durch den Druck allein oder die Temperatur allein die Konzentrationen in den drei Phasen bestimmt. Bei ganz bestimmten Werten des Druckes und der Temperatur ist eine Koexistenz von vier Phasen eines Zweistoffsystems möglich, wobei natürlich, wenn es mehr als vier Phasen gibt, deren vierfache Kombinationen mehrere Quadrupelpunkte liefern.

§ 52. Die verdünnten Lösungen

Im Jahre 1885 gelangte van't Hoff zu der wichtigen Erkenntnis, daß für den osmotischen Druck verdünnter Lösungen angenähert das ideale Gasgesetz gilt[1]. Bezeichnen wir den osmotischen Druck mit P, das Volumen der Lösung mit V, die Masse des gelösten Stoffes mit m und sein Molekulargewicht mit M, so gilt als van't Hoffsches Gesetz die Beziehung

$$PV = \frac{m}{M} RT, \tag{1}$$

wobei die Konstante R mit der absoluten Gaskonstante identisch ist. Wenn wir unter ϱ die Dichte des gelösten Stoffes innerhalb der Lösung (also den Quotienten m/V) verstehen, können wir die Gl. 1 auch in der Form schreiben:

$$P = \frac{\varrho}{M} RT. \tag{2}$$

Bei starker Verdünnung ist also der osmotische Druck sowohl der Konzentration als auch der Temperatur proportional.

[1] Der Nachweis und die Messung des von Lösungen ausgeübten „osmotischen“ Druckes wurde dadurch möglich, daß sich manche Substanzen gegenüber Lösungen als halbdurchlässig erweisen; sie gestatten zwar dem Lösungsmittel, nicht aber dem gelösten Stoffe den Durchgang. So läßt z. B. eine feine, mit Ferrozyankupfer überzogene Membrane von einer wässerigen Zuckerlösung zwar das Wasser, nicht aber den Zucker durch. Wird ein mit einer Lösung gefülltes Gefäß, das oben mit einem Steigrohr versehen und unten durch eine halbdurchlässige Membrane abgeschlossen ist, in ein größeres, mit reinem Lösungsmittel gefülltes Gefäß getaucht, so steigt infolge des Einströmens des Lösungsmittels die Lösung in dem Steigrohr so hoch über das Niveau des größeren Gefäßes, daß der hydrostatische Überdruck dem osmotischen Druck gerade gleich ist.

Von besonderer Wichtigkeit ist die Betrachtung einer flüssigen Lösung bei einem gegebenen Druck p in Koexistenz mit einer nichtflüssigen Phase, in die der gelöste Stoff nicht übergehe. Die thermodynamischen Betrachtungen zeigen dann, daß der Zusatz des gelösten Stoffs bei dem gegebenen konstanten Druck die Übergangstemperatur zwischen den beiden Phasen verändert, und zwar im Ausmaß

$$\Delta T = \frac{R T^2}{M q} \frac{\varrho}{\varrho'} . \tag{3}$$

Dabei ist ϱ die Dichte des gelösten Stoffes, ϱ' diejenige des Lösungsmittels und q die auf die Masseneinheit bezogene Umwandlungswärme.

Für den Übergang aus dem flüssigen in den festen Zustand ist nun q negativ, weil bei dem Gefrieren Wärme frei, also abgegeben wird; für den Übergang aus dem flüssigen in den dampfförmigen Zustand ist hingegen q positiv, weil die Verdampfung eine Wärmezufuhr erfordert. Der Zusatz des gelösten Stoffes bewirkt also einerseits eine Gefrierpunktserniedrigung, andererseits eine Siedepunktserhöhung. Beide Temperaturveränderungen sind, wie die experimentell gut bestätigte, zuerst durch VAN'T HOFF (1885) abgeleitete Gl. 3 zeigt, der Konzentration des gelösten Stoffes direkt und seinem Molekulargewicht (bei gegebenem Lösungsmittel) umgekehrt proportional; die Gl. 3 kann daher auch zur Bestimmung des Molekulargewichtes benutzt werden.

Der gelöste Stoff bewirkt auch eine Erniedrigung des Dampfdrucks, und zwar findet man

$$\frac{\Delta p}{p} = - \frac{n}{n'} , \tag{4}$$

wenn n und n' die Molzahlen des gelösten Stoffes und des Lösungsmittels sind; von der Temperatur ist hingegen, wie auch die Erfahrung zeigt, die relative Erniedrigung des Dampfdrucks unabhängig.

Aus der Existenz des osmotischen Drucks folgt schließlich, daß Arbeit geleistet und somit auch Wärme gewonnen wird, wenn eine Lösung verdünnt wird. Bezeichnet man die bei der Hinzufügung der Masseneinheit des Lösungsmittels entwickelte Wärme als die Verdünnungswärme (λ), so findet man

$$\lambda = \frac{P}{\varrho'} . \tag{5}$$

Da der osmotische Druck mit zunehmender Verdünnung nach Gl. 2 immer geringer wird, so muß für unendliche Verdünnung die Verdünnungswärme Null werden. Wie zuerst KIRCHHOFF (1858) zeigte, stimmt die Verdünnungswärme mit dem Unterschiede überein, den die Verdampfungswärme der Lösung gegenüber derjenigen des reinen Lösungsmittels aufweist.

Elftes Kapitel

Die kinetische Theorie der Wärme

§ 53. Die kinetische Gastheorie

Um das Jahr 1850 begründeten JOULE und KRÖNIG und in exakterer Form dann 1857 CLAUSIUS die kinetische Theorie der Gase. Sie baut sich auf die Vorstellung auf, daß die Wärme der Gase auf der Translationsenergie rasch dahin schießender winzigster Teilchen beruht, die mit den den Chemikern wohl bekannten Molekeln identifiziert werden. Die Molekeln sollen sich wie feste, absolut elastische Kugeln verhalten und sich mit konstanter Geschwindigkeit so lange geradlinig fortbewegen, bis sie gegen eine andere Molekel oder eine feste Wand stoßen. Die Zusammenstöße sollen dabei stets so erfolgen, daß dadurch weder die Summe der Bewegungsgröße noch die der kinetischen Energie eine Änderung erfährt.

Der Gasdruck erscheint nach dieser Auffassung durch das ständige Aufprallen der Molekeln gegen die Gefäßwände verursacht, und eine einfache Überlegung ergibt für die molekulare Geschwindigkeit die Formel

(1) $$v = \sqrt{\frac{3\,RT}{M}}\,,$$

wenn wieder R die Gaskonstante, T die absolute Temperatur und M das Molekulargewicht bedeuten. Danach ergibt sich die molekulare Geschwindigkeit bei 0° C z. B. für Wasserstoff zu 1700 und für Sauerstoff zu 420 m pro sec. Direkte Messungen der molekularen Geschwindigkeit sind STERN an sogenannten Atomstrahlen (vor allem aus Silber) gelungen, die bei geeigneter Versuchsanordnung von verdampfenden Metallen ausgehen; die Messungen ergaben gute Übereinstimmung mit der Theorie.

Auf Grund der kinetischen Wärmetheorie ergibt sich die Zustandsgleichung der Gase in der Form des idealen Gasgesetzes, nämlich

(2) $$pV = NkT\,;$$

dabei ist N die Zahl der Molekeln und k eine universelle Konstante, die allgemein als die BOLTZMANNsche Konstante bezeichnet wird. Sie ergibt sich auf Grund der später zu besprechenden atomphysikalischen Daten zu

(3) $$k = 1{,}371 \cdot 10^{-16}\,\text{erg grad}^{-1}\,.$$

Gl. 2 bringt die bekannte AVOGADROsche Regel zum Ausdruck, wonach sämtliche Gase bei gegebenem Druck und gegebener Temperatur in einem bestimmten Volumen die gleiche Zahl von Molekeln enthalten. Die sogenannte AVOGADROsche Zahl pro ccm, bezogen auf 0^0 C und 1 Atm. beträgt

(4) $$A = 2{,}705 \cdot 10^{19}\,.$$

Die kinetische Deutung des Drucks führt natürlich auch ohne weiteres zu dem schon früher besprochenen DALTONschen Gesetz für Gasmischungen.

Für die Molwärme bei konstantem Volumen ergeben gastheoretische Überlegungen im Falle eines einatomigen Gases den Wert $\frac{3}{2}\,R$. Aus der Gl. 3 des § 49 folgt daraus für die Molwärme bei konstantem Druck $\frac{5}{2}\,R$ und somit für das (experimentell bestimmbare) Verhältnis der beiden spezifischen Wärmen $\frac{5}{3}$. Im Falle eines zweiatomigen Gases liefert hingegen die kinetische Gastheorie für die beiden Molwärmen die Werte $\frac{5}{2}\,R$ und $\frac{7}{2}\,R$ und somit für das Verhältnis den Wert 1,4. In der Tat haben die Messungen die theoretischen Ergebnisse durchaus bestätigt.

Aus der endlichen Ausdehnung der bewegt gedachten Molekeln eines Gases ergibt sich die Notwendigkeit molekularer „Zusammenstöße“. Überlegungen geometrischer Art führen zu der Folgerung, daß die Strecke, die von einer Molekel im Durchschnitt zwischen zwei Zusammenstößen zurückgelegt wird, die sogenannte freie Weglänge, gleich ist

(5) $$l = \frac{3}{16\,\pi\,n\,r^2}\,,$$

wenn r der molekulare Radius ist und n die Zahl der in der Volumeinheit enthaltenen Molekeln.

Betrachtungen über die innere Reibung der Gase ermöglichten schließlich eine Bestimmung der freien Weglänge auf Grund experimenteller, die Reibung betreffender Daten. Man fand bei 0° C und 1 Atm. z. B. für Wasserstoff $1{,}8 \cdot 10^{-5}$ cm, rund 10 Milliarden Zusammenstößen pro sec entsprechend. Auch die merkwürdige Folgerung aus der kinetischen Theorie, daß die innere Reibung eines Gases von der Dichte und dem Druck unabhängig sei, wurde experimentell bestätigt.

Während die Gastheorie ursprünglich allen Molekeln eines Gases eine einheitliche Geschwindigkeit zuschrieb, gelangte MAXWELL 1860 durch statistisch-mechanische Überlegungen zu seinem berühmten Geschwindigkeitsverteilungsgesetz. Nach diesem ist der Bruchteil w der Molekeln, die einen Geschwindigkeitsbetrag zwischen v und $v + \Delta v$ haben, durch die Beziehung bestimmt

$$(6)\qquad w = 4\pi v^2 \left(\frac{m}{2\pi k T}\right)^{\frac{3}{2}} e^{-\frac{m v^2}{2 k T}} \Delta v \,;$$

dabei bedeutet m die molekulare Masse.

§ 54. Das BOLTZMANNsche Entropiegesetz

Sind N Individuen über z Zustände verteilt, so ist diese Verteilung vollkommen bestimmt, wenn es bekannt ist, wieviel Individuen sich in den einzelnen Zuständen befinden. Welche Individuen es sind, ist dabei vom statistischen Standpunkte aus gleichgültig. Vertauschen also zwei Individuen verschiedenen Zustandes ihre Zustände, so entsteht dadurch keine neue Zustandsverteilung, wohl aber eine neue „Komplexion". Auf eine bestimmte Zustandsverteilung entfallen somit im allgemeinen viele Komplexionen. Deren Zahl nennt man nun die statistische Wahrscheinlichkeit (W) der betreffenden Verteilung. Befinden sich in dem durch den Index i charakterisierten Zustand $w_i N$ Individuen, wenn N deren Gesamtzahl ist, so erhält man durch mathematische Betrachtungen die folgende Näherungsformel

$$(1)\qquad \ln W = - N \sum w_i \ln w_i \,,$$

wobei über sämtliche z Zustände zu summieren ist.

Ist nun über ein System von Molekeln ein Energiebetrag verteilt, so kann auch dieser Verteilung eine bestimmte statistische Wahrscheinlichkeit zugeordnet werden, indem bei den Molekeln verschiedene abgestufte Zustände unterschieden werden, deren jedem ein bestimmter Energiewert zukommt[1]. Woferne die

[1] So kommt z. B. den Molekeln, deren Geschwindigkeitsbetrag zwischen v und $v + \Delta v$ liegt (wobei das Intervall Δv fest gewählt, aber klein sei) die Energie $\frac{1}{2} m v^2$ zu.

kinetische Energie der Molekeln eines Gases als der Wärmeinhalt dieses Gases aufgefaßt wird, ist, wie 1866 BOLTZMANN durch statistisch-mechanische Überlegungen fand, die Entropie durch den natürlichen Logarithmus der statistischen Wahrscheinlichkeit der Energieverteilung dargestellt. Man kann, wie BOLTZMANN fand, bis auf eine unbestimmt gelassene additive Konstante,

$$S = k \ln W \tag{2}$$

setzen, wobei k diejenige universelle Konstante ist, die wir bereits als BOLTZMANNsche Konstante kennengelernt haben (§ 53). Sie hat, wie ebenfalls aus statistisch-mechanischen Betrachtungen folgt, die Bedeutung, daß bei einer absoluten Temperatur T eine Molekel von f Freiheitsgraden im Durchschnitt die Energie $f k T/2$ besitzt[2].

Aus dem durch Gl. 2 ausgedrückten BOLTZMANNschen Entropiegesetz ergeben sich in der Tat unmittelbar die wichtigsten Eigentümlichkeiten, die vom thermodynamischen Standpunkte aus die Entropie charakterisieren. Wie die Wahrscheinlichkeit kann auch die Entropie nur von dem augenblicklichen Zustand des Systems abhängen, und da jedes System eine scheinbare Tendenz aufweisen muß, von Zuständen geringerer zu solchen größerer Wahrscheinlichkeit überzugehen, so wird vom molekularstatistischen Standpunkte aus das Wachstum der Entropie zu einer Selbstverständlichkeit. Freilich erscheint dann der Satz von der Vermehrung der Entropie nicht länger als ein Gesetz im eigentlichen Sinne, sondern nur als eine Regel, deren Befolgung viel wahrscheinlicher als deren Verletzung ist. Merkliche Ausnahmefälle sind wegen der Kleinheit der Molekeln unter allem menschlichen Vorstellungsvermögen selten und dürfen somit als praktisch ausgeschlossen gelten.

§ 55. Die BROWNsche Bewegung

Ein Mittelwert, der aus einer nur kleinen Zahl von Einzelwerten gebildet ist, kann wesentliche Änderungen auch ohne äußere Ursachen, bloß infolge der individuellen Zufälligkeiten, erfahren.

[2] Für eine einatomige Molekel ist $f = 3$ zu setzen. Der auf einen Freiheitsgrad bei gegebener Temperatur im Mittel entfallende Energieanteil ist also von den individuellen Eigenschaften der Molekel unabhängig; er ist für eine leichte Molekel ebenso groß wie für eine schwere. Man bezeichnet darum das Theorem, das jedem Freiheitsgrad die Energie $\frac{1}{2} k T$ zuweist, als Gleichverteilungssatz (Äquipartitionstheorem).

Es sind daher spontane Schwankungserscheinungen bei allen physikalischen Vorgängen zu erwarten, an denen nur eine verhältnismäßig kleine Zahl von Molekeln beteiligt ist. Die am längsten bekannte molekulare Schwankungserscheinung ist die bereits 1827 entdeckte BROWNsche Bewegung; sie besteht in einer lebhaften, unregelmäßigen Zickzackbewegung, die sehr kleine, in einer Flüssigkeit oder in einem Gase suspendierte Teilchen ausführen[1].

Die exakte Theorie der BROWNschen Bewegung wurde 1905 gleichzeitig von EINSTEIN und von SMOLUCHOWSKI geschaffen. Wie diese Theorie zeigt, stellt die wahrnehmbare BROWNsche Bewegung keineswegs die wirkliche Bewegung der suspendierten Teilchen dar, sondern nur die resultierenden Verschiebungen innerhalb solcher Intervalle, die das menschliche Auge noch zu unterscheiden vermag; die wirkliche Bewegung entzieht sich hingegen wegen ihrer Schnelligkeit der Beobachtung.

Für den Mittelwert der Verschiebungsquadrate ($\overline{\xi^2}$) innerhalb einer Zeit t^* liefert die Theorie folgende Beziehung:

$$\overline{\xi^2} = \frac{kT}{3\pi\eta a}\, t^* \; ; \tag{1}$$

dabei bedeutet η den Reibungskoeffizienten des Mittels, in dem die Bewegung erfolgt und a den Radius der kugelförmig gedachten Teilchen. Auf Grund dieser Beziehung ist es möglich, durch Beobachtung der BROWNschen Bewegung die BOLTZMANNsche Konstante zu bestimmen. Der Quotient R/k stellt aber, wie ein Vergleich der Gl. 1 des § 49 mit der Gl. 2 des § 53 zeigt, nichts anderes dar als das Verhältnis zwischen Molekel- und Molzahl. Es ist dies eine universelle Konstante, die als die LOSCHMIDTsche Zahl bezeichnet wird, zu Ehren des Physikers, der zuerst (1865) die wahre Größe der Molekeln ungefähr ermittelte[2]; es ist die Zahl, durch die man ein chemisches „Molekulargewicht" dividieren muß, um das absolute Gewicht der betreffenden Molekel zu erhalten. Messungen der BROWNschen Bewegung haben derart für die LOSCHMIDTsche Zahl einen Wert von $6{,}0 \cdot 10^{23}$ ergeben.

---

[1] BROWN, der Botaniker war, entdeckte das Phänomen an Pflanzenpollenkörnern, die in Wasser schwammen. Den Zusammenhang der Erscheinung mit der kinetischen Theorie entdeckte erst ein halbes Jahrhundert später CHRISTIAN WIENER.

[2] LOSCHMIDT berücksichtigte außer der inneren Reibung auch die Verflüssigung der Gase; aus seinen Berechnungen ergab sich die „LOSCHMIDTsche Zahl", wie wir heute wissen, etwa 20mal zu klein.

Eine andere Möglichkeit der Bestimmung dieser wichtigen universellen Konstanten bieten Beobachtungen des sogenannten Sedimentationsgleichgewichtes. Aus der kinetischen Auffassung des osmotischen Drucks folgt nämlich, daß auch verhältnismäßig große und daher mittels eines Mikroskops einzeln erkennbare Teilchen, die in einer Flüssigkeit suspendiert sind, einen gasartigen Druck von der Größe $n k T$ ausüben müssen, wofern n die Konzentration, also die Zahl der Teilchen pro Volumeinheit, bedeutet.

Befindet sich eine Flüssigkeit, in der Teilchen suspendiert sind, in einem vertikalen Gefäß, so bildet sich somit unter dem zweifachen Einfluß des Druckes und der Schwere der suspendierten Teilchen ein „Sedimentationsgleichgewicht" aus, das (in Analogie zu der Abhängigkeit des Luftdrucks von der Höhe) eine ganz bestimmte vertikale Konzentrationszunahme zur Folge hat; deren Messung gestattet auf Grund einer einfachen theoretischen Beziehung ebenfalls eine unmittelbare Bestimmung der LOSCHMIDTschen Zahl.

Vierter Teil

ATOMTHEORIE

Zwölftes Kapitel

Die Grundlagen der Atomtheorie

§ 56. Elektronen und Lichtquanten

Zu den fundamentalen Erfahrungstatsachen, auf die sich die moderne Atomtheorie aufbaut, gehören in erster Linie die Existenz der Elektronen und der Lichtquanten. Die Elektronen sind Materieteilchen, die noch 1848mal leichter sind als das leichteste Atom, nämlich das Wasserstoffatom, und die eine negative Ladung in der Größe derjenigen Elektrizitätsmenge tragen, die sich als die kleinste, in der Natur vorkommende erweist und als deren einfache ganzzahlige Vielfache sich die nächstkleinsten experimentell festgestellten Ladungen ergeben. Die Elektronenladung wird darum als elektrisches Elementarquantum bezeichnet. Aus den Bewegungen, die kleine, ganz schwach geladene elektrische Körperchen unter dem zweifachen Einfluß der eigenen Schwere und eines vertikal aufwärtsgerichteten elektrischen Feldes ausführen, konnte der Wert des elektrischen Elementarquantums, vor allem durch MILLIKAN, sehr genau bestimmt werden, nämlich zu

(1) $$e = 4{,}77 \cdot 10^{-10} \text{ elektrostat. Einheiten.}$$

Aus elektrochemischen Messungen ist es nun auf Grund der FARADAYschen Gesetze der Elektrolyse bekannt, daß ein Grammatom[1] eines einwertigen Stoffes in einer Sekunde bei einer Stromstärke von 96494 Ampere ausgeschieden würde. Wenn wir in naheliegender Weise annehmen, daß einem einzelnen einwertigen Atom die Ladung e anhaftet, und wenn wir (vgl. § 55) mit L die

[1] Unter einem Grammatom eines Grundstoffs versteht man soviel Gramm, wie das Atomgewicht dieses Elementes beträgt.

LOSCHMIDTsche Zahl bezeichnen, so müßte also Le ebenso groß sein wie diejenige Elektrizitätsmenge, die von einem Strom der angegebenen Stärke in einer Sekunde transportiert wird und die $2{,}89 \cdot 10^{14}$ elektrostat. Einh. beträgt[2]. Indem wir dies durch e dividieren, finden wir

$$L = 6{,}06 \cdot 10^{23}\,, \tag{2}$$

in Übereinstimmung mit dem Werte, der aus den Messungen der BROWNschen Bewegung und des Sedimentationsgleichgewichtes folgt (vgl. § 55). Hieraus folgt schließlich auf Grund des bekannten Atomgewichtes[3] des Wasserstoffs von 1,0078 als Masse des Wasserstoffatoms

$$m_H = 1{,}662 \cdot 10^{-24}\,\mathrm{g}\,, \tag{3}$$

mit einer Genauigkeit von etwa ein Promille.

Daß es in der Natur Teilchen mit einer noch viel kleineren Masse als derjenigen des Wasserstoffatoms gibt, wurde vor allem durch Beobachtungen an Kathodenstrahlen klar[4]. Aus den Eigenschaften dieser Strahlen, namentlich aus ihrer geradlinigen Ausbreitung und ihrer Ablenkung im magnetischen und im elektrischen Felde, zogen 1897 J. J. THOMSON und KAUFMANN den Schluß, daß die Strahlen aus rasch bewegten Teilchen zusammengesetzt sind, die eine elektrische Ladung tragen und Masse besitzen. Aus der Trägheit folgt die geradlinige Ausbreitung, während sich aus der Ladung mit Notwendigkeit die Ablenkungen sowohl im elektrischen als auch im magnetischen Felde ergeben; der Sinn der Ablenkung zeigt in beiden Fällen, daß die Ladung negativ sein muß.

Auf die Bewegung eines Kathodenstrahlteilchens im transversalen Magnetfeld erscheint dann die Gl. 4 des § 28 anwendbar; für die Bewegung im elektrischen Feld gelten nach § 28 wiederum Formeln, die durchaus denjenigen analog sind, die den horizontalen Wurf beschreiben. Durch Ausmessung der Kreisbahn im Magnet-

---

[2] Ein Strom von 1 Amp. transportiert definitionsgemäß in der Sekunde $3 \cdot 10^9$ elektrostat. Einh.

[3] Es handelt sich dabei um das auf Sauerstoff = 16 bezogene Atomgewicht.

[4] Die Kathodenstrahlen gehen in stark evakuierten Röhren von der Austrittsstelle des elektrischen Stroms aus, wenn an die Röhre eine elektrische Spannung gelegt wird.

eld und der parabolischen Bahn im elektrischen Feld können derart die Geschwindigkeit und die spezifische Ladung ermittelt werden; letztere erweist sich 1848mal so groß wie der Wert, der aus elektrochemischen Messungen für ein ionisiertes Wasserstoffatom folgt. So ergibt sich die Masse eines Elektrons, das man mit einem Kathodenstrahlteilchen identifiziert, zu

(4) $$m = 8{,}99 \cdot 10^{-28}\,\mathrm{g}\,.$$

Elektronen werden, wie man fand, auch in der Form von sogenannten β-Strahlen von zahlreichen radioaktiven Substanzen ausgesandt, ferner von glühenden Metallen oder Metalloxyden (RICHARDSON-Effekt) sowie von Metallen, auf die sichtbares oder ultraviolettes Licht oder Röntgenstrahlen auffallen (lichtelektrischer Effekt). In den β-Strahlen weisen die Elektronen besonders hohe Geschwindigkeiten, bis zu 99,8% der Lichtgeschwindigkeit, auf. Durch die Beobachtungen wird sowohl das Prinzip bestätigt, das die Lichtgeschwindigkeit als obere Schranke für mechanische Geschwindigkeiten erklärt, als auch die relativistische Formel, die die Zunahme der Masse mit der Geschwindigkeit beschreibt (Gl. 1 des § 37).

Ein Seitenstück zu den Elektronen stellen die Lichtquanten oder Photonen dar, deren Existenz zuerst von PLANCK (1900) und genauer später von EINSTEIN (1905) erkannt wurde. Nach der grundlegenden Vorstellung ist die Energie eines einzelnen Lichtquants durch das Produkt $h\,\nu$ bestimmt, wobei ν die Frequenz bedeutet, h aber eine universelle Konstante, die von PLANCK als elementares Wirkungsquantum in die Physik eingeführt wurde. Eine unmittelbare Bestätigung findet die Vorstellung der Lichtquanten in der von LENARD 1902 festgestellten Tatsache, daß bei dem lichtelektrischen Effekt die Geschwindigkeit der ausgelösten Elektronen von der Intensität des auslösenden Lichtes ganz unabhängig ist. Die Geschwindigkeit kann, wie die Beobachtung zeigt, nicht durch Erhöhung der Intensität gesteigert werden, sondern nur durch eine Erhöhung der Frequenz des auslösenden Lichtes. Die Erhöhung der Intensität vermehrt nur die Zahl der ausgelösten Elektronen, nicht aber deren Geschwindigkeit. Diese Gesetzmäßigkeit findet eine einfache Erklärung durch die Annahme, daß einzelne Elektronen durch einzelne Lichtquanten ausgelöst werden. Genaue Messungen auf Grund des lichtelektrischen Effektes sowie auf Grund verwandter Erscheinungen, aber auch mannigfache indirekte Bestimmungen haben für das elementare Wirkungsquantum in vortrefflicher Übereinstimmung den Wert ergeben[5]

$$h = 6{,}54 \cdot 10^{-27}\ \text{erg sec} . \tag{5}$$

§ 57. Die kernige Struktur und die Energiestufung der Atome

Neben den schon erwähnten negativ elektrischen β-Strahlen werden von radioaktiven Präparaten auch Strahlen ausgesendet, die in entgegengesetztem Sinne abgelenkt werden, so daß den sie zusammensetzenden Teilchen eine positive Ladung zugeschrieben werden muß. Die spezifische Ladung der Teilchen dieser sogenannten α-Strahlen ergibt sich halb so groß wie bei dem ionisierten Wasserstoffatom. Es erwies sich als möglich, die von einem Präparat in einer bestimmten Zeit fortgeschleuderten α-Teilchen direkt zu zählen[1]. Da man andererseits durch α-Strahlen eine Metallplatte positiv aufladen und die Ladung messen kann, konnte die Ladung eines einzelnen α-Teilchens ermittelt werden. Sie ergab sich zu zwei elektrischen Elementarquanten, woraus auf Grund des vorhin angegebenen Wertes der spezifischen Ladung eine Masse folgt, die viermal so groß wie die eines Wasserstoffatoms ist.

Beobachtungen über den Durchgang von α-Strahlen durch Materie ließen nun erkennen, daß ein α-Teilchen viele Tausende von Atomen durchqueren kann, ohne eine merkliche Änderung seiner Richtung zu erfahren, während bisweilen durch ein einziges Atom eine sehr große Ablenkung des α-Teilchens hervorgerufen wird. (Vgl. die Photographie von Bahnen von α-Strahlen nach der WILSON-Methode[2] in Fig. 15.)

---

[5] Die erste, und zwar bereits recht genaue Bestimmung von h rührt von PLANCK selbst (1900) her; sie gründete sich auf Gesetzmäßigkeiten der Wärmestrahlung (vgl. § 72). Die physikalische Dimension von h ist Energie, dividiert durch Frequenz, oder, was dasselbe ist, Energie mal Zeit. Ein solches Produkt wurde in der Mechanik seit langem als Wirkung bezeichnet.

[1] Die wichtigste Methode zur Zählung der α-Teilchen war die sogenannte Szintillationsmethode. Sie beruht darauf, daß sich auf einem in der Nähe eines radioaktiven Präparates aufgestellten fluoreszierenden Leuchtschirm ständig kleine Lichtblitze zeigen, deren jeder durch das Auftreffen eines einzelnen α-Teilchens verursacht wird.

[2] Die WILSONsche Methode gründet sich auf die Tatsache, daß sich in übersättigtem Wasserdampf um elektrisch geladene Teilchen Tröpfchen kondensieren. Die Ansammlung der Wassertröpfchen, die ein geladenes Teilchen auf seinem Wege erzeugt, bildet einen feinen Nebelstreifen, dessen Photographie zugleich die Bahn des Teilchens abbildet.

Diese merkwürdige Tatsache läßt sich auf Grund des COULOMBschen Gesetzes leicht durch die Annahme erklären, daß die Ablenkung die Folge einer elektrischen Kraft ist, die auf das positiv elektrische α-Teilchen durch einen Atomkern ausgeübt wird, dessen Volumen nur einen sehr geringen Teil des gesamten Volumens des Atoms bildet. Die elektrische Kraft könnte dabei von vornherein sowohl als anziehende wie auch als abstoßende gedacht, der Atomkern also sowohl negativ als auch positiv angenommen werden.

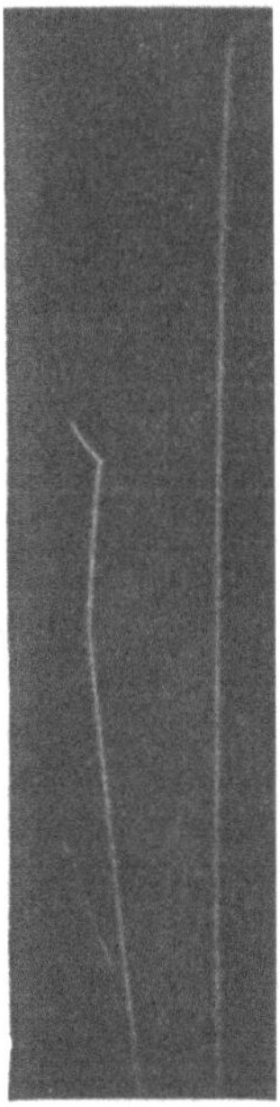

Fig. 15. Bahnen von α-Strahlen

Nun folgt aber aus dem Prinzip der Gleichheit von Aktion und Reaktion, daß die tatsächlich beobachteten, außerordentlich großen Ablenkungen der α-Strahlen nur möglich sind, wenn die Masse des Kernes wesentlich größer ist als die Masse des abgelenkten α-Teilchens. In der Tat zeigen die Beobachtungen, daß die Größe der starken Ablenkungen mit dem Atomgewicht der ablenkenden Substanz zunimmt. Wir müssen daher annehmen, daß im wesentlichen die Masse des Atoms im Kern konzentriert ist.

Da die Masse der Elektronen verschwindend klein ist gegenüber der Masse der positiv elektrischen Teilchen, so müssen wir somit annehmen, daß die Kerne der Atome positiv elektrisch sind. Weil die Atome nach außen hin im allgemeinen elektrisch neutral sind, muß diese positive Ladung durch negative Ladungen kompensiert sein; und da man in den Kathoden- und β-Strahlen negative Teilchen nur als Elektronen kennt, so muß offenbar die positive Kernladung durch Elektronen kompensiert sein, die den Kern umgeben. Woferne sich diese Elektronen genügend rasch um den Kern bewegen, wäre die elektrische Anziehung, die sonst zu ihrer Vereinigung mit dem Kern führen müßte, durch die Zentrifugalkraft aufgehoben. Wir gelangen so zu einem Modell des Atoms, das zuerst von RUTHERFORD im Jahre 1911 in die theoretische Physik eingeführt wurde; danach bestehen die Atome aus positiv elektrischen Kernen, um die Elektronen nach einem häufig gebrauchten Bilde ähnlich wie die Planeten um die Sonne kreisen.

Das einfachste überhaupt denkbare Atommodell ist nun jedenfalls ein solches, bei dem sich ein einziges Elektron um einen Atomkern bewegt, dessen Ladung ein positives Elementarquantum beträgt. Es liegt der Gedanke nahe, dieses Modell dem leichtesten aller Atome, dem Wasserstoffatom, zuzuschreiben, und in der Tat zeigen sich alle Folgerungen, die aus dieser Annahme theoretisch gewonnen werden können, durch die Erfahrung vollauf bestätigt.

Wenn nun die Atome aus Teilchen zusammengesetzt sind, zwischen denen anziehende und abstoßende, von der Entfernung abhängige Kräfte wirken, so ist wohl anzunehmen, daß den Atomen eine innere Energie zukommt und diese durch Energiezufuhr von außen gesteigert oder unter Umständen durch Energieabgabe nach außen verringert werden kann. Daß in der Tat eine Energieaufnahme seitens der Atome möglich ist, geht deutlich aus Versuchen über Zusammenstöße zwischen Atomen und freien Elektronen hervor. Diese Versuche offenbaren zugleich aber auch die ungemein bedeutungsvolle Tatsache, daß ein Atom nicht beliebige, sondern nur ganz bestimmte Energiebeträge aufnehmen kann. Insbesondere zeigt es sich, daß, solange keine abnormalen Verhältnisse herrschen (woferne sich also das Atom im Grundzustand befindet), ein Atom keinerlei Energiebetrag aufzunehmen vermag, der unterhalb eines gewissen Minimums liegt. Dieses Minimum wird als die Anregungsenergie des Atoms bezeichnet.

Mittels der „Elektronenstöße", die zuerst von Franck und Hertz 1913 untersucht wurden[3], konnte für zahlreiche Grundstoffe die Anregungsspannung ermittelt werden, nämlich diejenige Spannung, die einem Elektron eine der Anregungsenergie gleiche kinetische Energie erteilt. Sehr scharf konnte ferner für viele Grundstoffe die „Ionisierungsspannung" bestimmt werden, nämlich diejenige Spannung, bei der zum ersten Male eine Ionisierung von Atomen als Folge der Elektronenstöße beobachtet wird; diese charakteristische Spannung entspricht der Arbeit, die erforderlich ist, um einem Atom das am lockersten gebundene

---

[3] Man läßt hierzu mittels einer geeigneten Versuchsanordnung die freien Elektronen das Gas oder den Dampf passieren, die untersucht werden sollen, und mißt mittels eines Galvanometers die sich ergebende Stromstärke in ihrer Abhängigkeit von der gleichzeitig gemessenen Spannung. Stellt man diese Abhängigkeit graphisch dar, so erscheinen bei charakteristischen Spannungen Unstetigkeiten.

Elektron zu entreißen. Für Natrium beträgt z. B. die Anregungsspannung 2,1 und die Ionisierungsspannung 5,1 Volt. Bei den Erdalkalien, in deren Atomen offenbar zwei Elektronen locker gebunden sind, beobachtet man zwei verschiedene Werte der Anregungs- und zwei verschiedene der Ionisierungsspannung, bei Magnesium z. B. 2,7 und 4,3 bzw. 7,6 und 15,0 Volt. Bei Quecksilber, das für die Beobachtungen besonders günstig ist, konnten außer zwei Anregungs- und zwei Ionisierungsspannungen noch eine Reihe weiterer charakteristischer Voltzahlen zwischen Anregung und Ionisierung festgestellt werden.

Aus den Beobachtungen über Elektronenstöße ergibt sich somit die Folgerung, daß für jedes Atom eines Elementes außer einem Grundzustand noch eine Reihe höherer Zustände möglich sind, deren jeder durch einen ganz bestimmten Wert charakterisiert ist, um den in diesem Zustand die atomare Energie diejenige des Grundzustandes überragt. Wenn wir diese Erkenntnis mit der Vorstellung der Lichtquanten verknüpfen, nämlich mit der Annahme, daß die seitens eines einzelnen strahlenden Atoms frei werdende Energie sich in ein einzelnes Lichtquant umsetzt, so ergibt sich notwendigerweise die Folgerung, daß die Atome eines Grundstoffs nur Licht von ganz bestimmten, für diesen Grundstoff charakteristischen Frequenzen emittieren können. Weiterhin folgt aber auch, daß die Mannigfaltigkeit dieser Frequenzwerte als Differenzen je zweier Glieder einer Reihe darstellbar sein müssen, die den charakteristischen Potentialen universell proportional ist.

In der Tat haben schon 1860 die Entdecker der Spektralanalyse, Kirchhoff und Bunsen festgestellt, daß den Grundstoffen Spektrallinien eigentümlich sind, deren Wellenlängen von Druck und Temperatur und vor allem auch von der Art der chemischen Verbindung des Grundstoffs unabhängig sind und die die gleichen für die Emission und die Absorption sind. 1908 hat dann Ritz, indem er an spezielle ältere Untersuchungen von Rydberg anknüpfte, entdeckt, daß sich die Frequenzen der Spektrallinien als Differenzen von sogenannten Spektraltermen darstellen lassen, die ihrerseits eine weit einfachere Mannigfaltigkeit als die Frequenzwerte selbst darstellen. Das Prinzip der Termdarstellbarkeit, das zunächst nur für die optischen Spektren begründet worden war, hat sich später als auch für die Röntgenspektren richtig und bedeutungsvoll erwiesen.

Einen überzeugenden Beweis für die Richtigkeit dieses Prinzips stellt auch die Übereinstimmung zwischen der optisch errechneten und der bei den Elektronenstößen tatsächlich beobachteten Anregungsspannung (V^*) dar. Die Berechnung erfolgt dabei durch Gleichsetzung von $h\nu^*$ und eV^*, wenn ν^* die Frequenz derjenigen Spektrallinie ist, die im Spektrum des Grundstoffs die größte Intensität aufweist[4].

§ 58. Die Grundstoffreihe

Aus der Vorstellung des Kernatoms folgt, daß jede Atomart durch zwei ganze Zahlen charakterisiert ist. Die eine ist das auf eine ganze Zahl abgerundete Atomgewicht, das die Masse bestimmt. Die andere Zahl gibt, auf das elektrische Elementarquantum als Einheit bezogen, die Ladung des Atomkerns und somit die Zahl der Planetenelektronen im neutralen Atomzustand an.

Eine ungefähre Ermittlung dieser sogenannten Kernladungszahl war schon auf Grund der Beobachtungen über den Durchgang von α-Strahlen durch Metallfolien möglich; denn die beobachtbare Streuung der α-Strahlen hängt von der Größe der abstoßenden Kraft ab, die die Kerne der Metallatome auf die α-Teilchen ausüben. So fand z. B. CHADWICK 1920 für Platin 77,4; für Silber 46,3; für Kupfer 29,3.

Eine viel vollkommenere Methode zur Bestimmung der Kernladungszahlen bieten die Gesetzmäßigkeiten der 1913 von MOSELEY entdeckten Röntgenspektren. In den Röntgenspektren treten nämlich Serien von Linien auf, die für die verschiedenen Grundstoffe von gleichem Typus sind. Wie nun MOSELEY fand, lassen sich die Grundstoffe mit fortschreitender Numerierung derart in eine Reihe ordnen, daß die Quadratwurzel aus der Frequenz einer bestimmten Röntgenlinie linear mit der Nummer des Grundstoffs wächst. (Vgl. als Beispiel der regelmäßigen Verschiebung in Fig. 16 die sogenannte K-Serie der aufeinanderfolgenden Elemente von Calcium bis Zink, das in der Form der Legierung mit Kupfer als Messing (brass) verwendet wurde; zwischen Ca und Ti die dem Scandium zukommende Lücke!)

[4] Natürlich ist noch die Umrechnung von absoluten Einheiten auf Volt erforderlich. Bei Natrium berechnet man aus der Wellenlänge der bekannten starken gelben Spektrallinie eine Anregungsspannung von 2,09 Volt, während eine von 2,12 Volt beobachtet wird.

Tabelle I

Das periodische System der Elemente

	I a	I b	II a	II b	III a	III b	IV a	IV b	V a	V b	VI a	VI b	VII a	VII b	VIII a	VIII b
1	1 H															2 He
2	3 Li		4 Be			5 B		6 C		7 N		8 O		9 F		10 Ne
3	11 Na		12 Mg			13 Al		14 Si		15 P		16 S		17 Cl		18 Ar
4	19 K	29 Cu	20 Ca	30 Zn	21 Sc	31 Ga	22 Ti	32 Ge	23 V	33 As	24 Cr	34 Se	25 Mn	35 Br	26 Fe 27 Co 28 Ni	36 Kr
5	37 Rb	47 Ag	38 Sr	48 Cd	39 Y	49 In	40 Zr	50 Sn	41 Nb	51 Sb	42 Mo	52 Te	43 Ms	53 J	44 Ru 45 Rh 46 Pd	54 X
6	55 Cs	79 Au	56 Ba	80 Hg	57—71 seltene Erden	81 Tl	72 Hf	82 Pb	73 Ta	83 Bi	74 W	84 Po	75 Re	85	76 Os 77 Ir 78 Pt	86 Em
7	87		88 Ra		89 Ac		90 Th		91 Pa		92 U					

Soweit nicht röntgenspektroskopische Aufnahmen möglich waren, konnte die „natürliche“ Reihe der Grundstoffe unschwer auf Grund der Tatsache ergänzt werden, daß im allgemeinen (mit vier Ausnahmen) mit wachsender Kernladungszahl auch das „Atomgewicht“ zunimmt und innerhalb der Reihe die chemi-

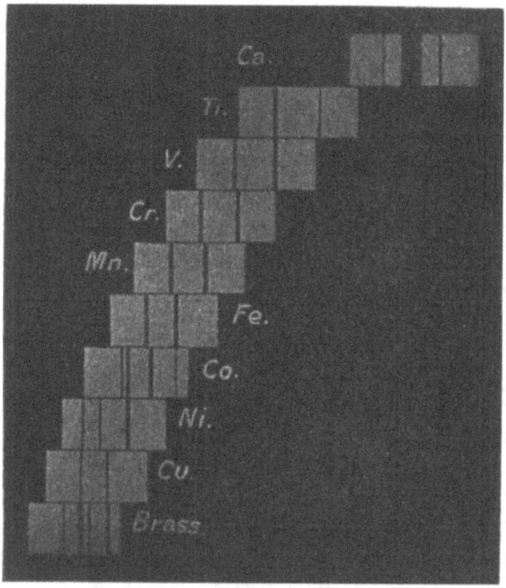

Fig. 16. *K*-Serie nach Moseley.

schen Eigenschaften sich periodisch wiederholen. Die Tabelle I stellt die natürliche Reihe unter Berücksichtigung der bereits 1870 von Lothar Meyer und Mendelejeff entdeckten chemischen Periodizität dar. Die höchste Ordnungszahl, die einem stabilen Element zukommt, ist 92 (Uran); ein 1934 entdecktes instabiles Umwandlungsprodukt des Urans weist möglicherweise sogar die Kernladungszahl 93 auf.

§ 59. Die Materiewellen

Da durch die Vorstellung der Lichtquanten die diskontinuierliche Struktur der Materie auf das Licht übertragen erscheint, so lag auch der Gedanke nahe, umgekehrt der Materie diejenige Eigentümlichkeit zuzuschreiben, die vor allem das Licht kennzeichnet, nämlich dessen Wellennatur. Als Ergänzung zu der korpuskularen

Auffassung des Lichtes ist derart im Jahre 1924 die durch Louis de Broglie begründete Undulationstheorie der Materie entstanden. Sie ordnet jedem bewegten Materieteilchen in ähnlicher Weise eine Materiewelle zu, wie mit jedem Lichtquant eine Lichtwelle verknüpft ist.

Im Falle eines Lichtquants von der Frequenz ν ist nun die Energie gleich $h\nu$ oder, wenn wir die Wellenlänge mit λ bezeichnen, $h\,c/\lambda$. Daher ist nach dem Satze von der Masse der Energie (§ 37) die Masse $h/(\lambda\,c)$ und somit der Impuls als Produkt aus Masse und Geschwindigkeit h/λ. Umgekehrt ist also die Wellenlänge gleich h, dividiert durch den Impuls. Die de Brogliesche Theorie überträgt diese Beziehung auf die Materiewellen und ordnet daher jedem mit der Geschwindigkeit v bewegten Materieteilchen von der Masse m eine Wellenlänge

$$(1) \qquad \lambda = \frac{h}{m\,v}$$

zu. Diese Formel wurde experimentell zuerst 1927 durch Davisson und Germer bestätigt; sie konnten zeigen, daß von glühenden Drähten emittierte Elektronen ebenso von Kristallen in bestimmten ausgezeichneten und durch die Kristallstruktur bedingten Richtungen reflektiert werden wie solche Röntgenstrahlen, deren Wellenlänge durch Gl. 1 gegeben wäre. Eine Fülle weiterer Experimente anderer Forscher hat seitdem die Gültigkeit der Gl. 1 und damit die Vorstellung der Materiewellen zur Gewißheit erhoben.

Die Gl. 1 führt nun, wie bereits de Broglie erkannte, zu einer besonders wichtigen Folgerung, wenn sie auf eine periodische Bewegung eines Massenteilchens angewendet wird. Ein Wellenstrahl ist ja bekanntlich dadurch charakterisiert, daß in jedem Augenblicke solche Stellen des Wellenfeldes denselben Schwingungszustand aufweisen, die längs des Strahls um ein ganzzahliges Vielfaches der Wellenlänge voneinander abstehen. Da nun innerhalb einer Welle unmöglich zwei verschiedene Schwingungszustände gleichzeitig an derselben Stelle vorhanden sein können, so erscheint auf Grund der Vorstellung der Materiewellen eine Bewegung in einer geschlossenen Bahn bei konstanter Geschwindigkeit nur dann möglich, wenn die Länge der Bahn (l) ein ganzzahliges Vielfaches der Wellenlänge ist, wenn also die Beziehung erfüllt ist

$$(2) \qquad \frac{l}{\lambda} = n \quad (n = 1,\ 2,\ 3 \text{ usw.}).$$

Ist die Geschwindigkeit und somit auch die Wellenlänge veränderlich, so müssen wir offenbar die Bahnlänge l in Wegelemente ds zerlegen und jedes durch den zugehörigen Wert der Wellenlänge dividieren. Wenn wir mit dem üblichen Symbol $\left(\oint\right)$ das über die geschlossene Bahn erstreckte Integral bezeichnen, tritt dann an die Stelle der Gl. 2 die allgemeinere Beziehung

(3) $$\oint \frac{ds}{\lambda} = n\,.$$

Hierfür können wir aber nach Gl. 1 auch schreiben:

(4) $$\oint m\,v\,ds = n\,h\,;$$

das über die geschlossene Bahn erstreckte Wegintegral des Impulses stellt also ein ganzzahliges Vielfaches des elementaren Wirkungsquantums dar. In dem besonderen Falle einer mit konstanter Geschwindigkeit erfolgenden Kreisbewegung muß somit der durch das Produkt aus Masse, Geschwindigkeit und Bahnradius (a) gegebene Drehimpuls

(5) $$m\,a\,v = \frac{n\,h}{2\pi}$$

sein.

Aus der Vorstellung der Materiewellen ergibt sich derart notwendigerweise eine Annahme, die bereits im Jahre 1913 von Bohr als selbständige Hypothese begründet und von ihm mit größtem Erfolg zur Deutung der Linienspektren verwendet worden war. Bohr setzte nämlich für den Grundzustand des Wasserstoffatoms den mit 2π multiplizierten Drehimpuls dem elementaren Wirkungsquantum gleich, während er ihn für die abnormalen Zustände des Wasserstoffatoms gleich $2h$, $3h$, $4h$ usw. annahm. Bohr ermittelte also zunächst nach den Prinzipien der klassischen Mechanik die Gesamtheit aller im Atom möglichen Bahnen und sonderte dann aus dieser Gesamtheit als „quantentheoretisch zulässig" diejenigen Bahnen aus, die der „Quantenbedingung" der Gl. 5 genügen. Diese Auszeichnung der „gequantelten" Bahnen blieb freilich vom Standpunkte der klassischen Mechanik aus völlig unverständlich und fand erst durch die Theorie de Broglies eine Erklärung.

§ 60. Die wellenmechanische Grundgleichung

Die Vorstellung der Materiewellen legt den Gedanken nahe, als Grundlage der Atommechanik eine Differentialgleichung von jener Art zu wählen, die ganz allgemein die Ausbreitung von irgendwelchen Wellen beschreibt. Wir gehen dazu von Gl. 10 des § 18 aus, also

$$\frac{\partial^2 S}{\partial t^2} = \frac{\lambda^2}{\tau^2} \Delta S , \tag{1}$$

wenn τ die Periode bedeutet. Ist im besonderen die periodische Zeitfunktion S eine Sinusfunktion, also

$$S = A \sin\left(\frac{2\pi t}{\tau} + B\right), \tag{2}$$

wobei B eine Funktion der Koordinaten ist, so wird

$$\Delta S + \frac{4\pi^2}{\lambda^2} S = 0 . \tag{3}$$

Wenn wir diese Gleichung auf die Materiewellen eines einzelnen Teilchens anwenden und dabei die Bedeutung des „Feldskalars" S zunächst noch unbestimmt lassen, wird nach Gl. 1 des § 59

$$\frac{1}{\lambda^2} = \frac{m^2 v^2}{h^2} . \tag{4}$$

Andererseits ist, wenn wir mit E die Gesamtenergie und mit V die potentielle Energie des Teilchens bezeichnen,

$$m v^2 = 2 (E - V) . \tag{5}$$

Daher kann auf Grund der Gl. 4 die Gl. 3 auch in der Form geschrieben werden

$$\Delta S + \frac{8\pi^2 m}{h^2} (E - V) S = 0 . \tag{6}$$

Diese Differentialgleichung wurde im Jahre 1925 von SCHRÖDINGER als die Grundgleichung der Atommechanik aufgestellt. Er versuchte dadurch auf mechanischem Gebiete jene Verallgemeinerung, die dem Übergange von der gröberen geometrischen Strahlenoptik zu der feineren physikalischen Wellenoptik entspricht.

Aus der Theorie der Differentialgleichungen war es nun schon lange bekannt, daß die Möglichkeit, für eine Differentialgleichung eine eindeutige, endliche und stetige Lösung zu finden, nur bei bestimmten Werten der in der Gleichung vorkommenden Parameter besteht; diese Werte werden als die Eigenwerte der Differentialgleichung bezeichnet. In der SCHRÖDINGERschen Gleichung stellt die Gesamtenergie E einen solchen konstanten Parameter dar, während die potentielle Energie von den Koordinaten abhängt. Durch die Eigenwerte, die die SCHRÖDINGERsche Gleichung in irgendeinem speziellen Falle besitzt, erscheinen somit ganz bestimmte, diskrete Werte der Energie festgelegt. So wurde durch SCHRÖDINGER das physikalische Problem der Quantisierung der Energie auf ein rein mathematisches Problem zurückgeführt, nämlich auf das für alle wichtigeren Fälle längst gelöste Eigenwertproblem aus der Theorie der Differentialgleichungen.

In einem engen Zusammenhang mit der SCHRÖDINGERschen Wellenmechanik steht auch die ungefähr gleichzeitig von HEISENBERG entwickelte „Quantenmechanik". Beide Theorien sind, wie man bald darauf feststellte, gleichwertig, obwohl HEISENBERG von einer Auffassung ausging, die derjenigen SCHRÖDINGERs gerade entgegengesetzt war. SCHRÖDINGER war bestrebt, eine Brücke von der klassischen zu der atomaren Physik zu schlagen. HEISENBERG war umgekehrt von der Überzeugung durchdrungen, daß nur ein völliger Verzicht auf Anschaulichkeit eine Lösung atomphysikalischer Probleme ermöglichen könne.

Daß trotz so entgegengesetzter Ausgangspunkte beide Theorien gleichwertig sein können, erklärt sich aus der Interpretation, die man, wie BORN erkannte, den Materiewellen geben muß. BORN versuchte für den SCHRÖDINGERschen Feldskalar eine ähnliche Deutung, wie sie vom Standpunkte der Lichtquantentheorie denjenigen Größen gegeben werden muß, die das optische Wellenfeld charakterisieren. Eine Korpuskulartheorie des Lichtes kann die Helligkeit und die Wellenamplitude, durch deren Quadrat die Helligkeit bestimmt ist, nur statistisch interpretieren. In dem Werte der Amplitude, den die Wellentheorie irgendeiner Stelle des Feldes zuschreibt, kann die Korpuskulartheorie nur ein Maß der Wahrscheinlichkeit erblicken, die für das Eintreffen eines Lichtquants an dieser Stelle besteht. Je größer diese Wahrscheinlichkeit ist, desto größer ist die Amplitude, desto größer die Lichtintensität an der betreffenden Stelle.

Eine solche Auffassung macht die unverständliche Annahme überflüssig, daß Lichtquanten einander wechselseitig zerstören können; wohl aber zeigt sie, daß unter Umständen die Wahrscheinlichkeit für das Eintreffen von Lichtquanten trotz der Nähe von Lichtquellen so gering werden kann, daß die betreffende Stelle dunkel bleibt. Eine derartige statistische Interpretation des Lichtquantenfeldes macht auch die strenge Gesetzmäßigkeit, die sich in den wahrnehmbaren optischen Interferenz- und

Beugungsphänomenen offenbart, mit der Vorstellung verträglich, daß die Bewegung eines einzelnen Lichtquants unbestimmt sein könnte.

Born hat nun in einer ähnlichen Weise die Schrödingerschen Wellen statistisch aufgefaßt und den Schrödingerschen Feldskalar als die Wahrscheinlichkeit gedeutet, die für das Eintreffen eines Materieteilchens an der betreffenden Stelle des Feldes besteht. Diese Interpretation der Materiewellen löst den scheinbaren Widerspruch, der darin besteht, daß die Schrödingersche Theorie, die Kontinuität und raum-zeitliche Darstellung voraussetzt, mit der Quantenmechanik äquivalent ist, die jene beiden Voraussetzungen verwirft. Denn wenn auch vielleicht Kontinuität und raum-zeitliche Darstellbarkeit den elementaren Prozessen der Physik mangeln, so können gleichwohl die Wahrscheinlichkeiten, die diesen individuellen Prozessen aus statistischen Gründen zuzuordnen sind, wie kontinuierlich veränderliche Größen behandelt werden und somit auch einer Differentialgleichung von „klassischem“ Typus genügen, wie es eben die Schrödingersche Grundgleichung ist.

Dreizehntes Kapitel

Die Linienspektren und die Atomhüllen

§ 61. Das Spektrum des Wasserstoffs

Schon im Jahre 1885 hat Balmer die wichtige Entdeckung gemacht, daß zwischen den Wellenlängen der vier Spektrallinien, die für den Wasserstoff im optischen Gebiet charakteristisch sind, sehr einfache Zahlenbeziehungen bestehen. Es sind, wie man in Erweiterung der Balmerschen Formel später fand, sämtliche Linien des Wasserstoffspektrums in der Form darstellbar

$$\frac{\nu}{c} = R_H \left(\frac{1}{s^2} - \frac{1}{n^2} \right), \tag{1}$$

wobei n und s ganze Zahlen sind, ν die Frequenz bedeutet und die mit einer Genauigkeit von ein Zehnmilliontel ermittelte Konstante

$$R_H = 109677{,}759 \pm 0{,}008 \text{ cm}^{-1} \tag{2}$$

ist.

Die Konstante wird als die RYDBERGsche Konstante bezeichnet, und zwar deshalb, weil im Jahre 1895 RYDBERG entdeckte, daß sie nicht nur für das Wasserstoffspektrum, sondern auch für die Spektren anderer Elemente eine wesentliche Bedeutung hat. Im Jahre 1910 vermochte der Verfasser dieses Buches zu zeigen, daß diese Fundamentalkonstante der Spektroskopie in einem engen Zusammenhang mit dem elektrischen Elementarquantum, der Elektronenmasse und dem elementaren Wirkungsquantum steht[1]. In exakter Weise wurde dieser Zusammenhang im Jahre 1913 von BOHR auf Grund des RUTHERFORDschen Atommodells und des schon besprochenen Prinzips abgeleitet, wonach bei einer Kreisbewegung eines Elektrons der mit 2π multiplizierte Drehimpuls einem ganzzahligen Vielfachen des elementaren Wirkungsquantums gleich ist.

Um den Zusammenhang zwischen der RYDBERGschen Konstanten und den Grundgrößen der Elektronentheorie abzuleiten, betrachten wir einen Kern, der eine positive Ladung von z Elementarquanten aufweise, und um den ein einziges Elektron eine Kreisbahn beschreibe. Auf das kreisende Elektron wirkt nun einerseits die elektrische Anziehung seitens des Kernes, andererseits die Fliehkraft. Nach dem dritten NEWTONschen Bewegungsgesetz müssen beide Kräfte einander gleich sein. Die Anziehung ist nach dem COULOMBschen Gesetz gleich $z\,e^2/a^2$; die Fliehkraft ist, wenn die Masse des Elektrons mit m bezeichnet wird, $m\,v^2/a$. Aus der Gleichsetzung der beiden Ausdrücke folgt die Beziehung

$$m\,v^2\,a = z\,e^2\,. \tag{3}$$

Andererseits muß, da der mit 2π multiplizierte Drehimpuls ein ganzzahliges Vielfaches des elementaren Wirkungsquantums sein soll, die Beziehung erfüllt sein

$$m\,a\,v = \frac{n\,h}{2\pi}\,. \tag{4}$$

Ist die Quantenzahl n gegeben, so enthalten die Gl. 3 und 4 als Unbekannte nur den Bahnhalbmesser a und die lineare Geschwindigkeit v, so daß aus den beiden Gleichungen beide Größen ermittelt werden können. Die Werte, die ihnen in dem n-quantigen Zustande zukommen, mögen mit dem Index n bezeichnet werden.

[1] Sitzungsberichte d. Wiener Akad., Abt. IIa, 1910, S. 119, Gl. 67.

Den Wert von a_n finden wir, indem wir die Gl. 4 quadrieren und durch die Gl. 3 dividieren; es ergibt sich so

$$a_n = \frac{n^2 h^2}{4 \pi^2 z e^2 m}. \tag{5}$$

Die Radien der quantentheoretisch ausgezeichneten Bahnen verhalten sich also wie die Quadrate der Quantenzahlen. Indem wir andererseits die Gl. 4 durch die Gl. 5 dividieren, finden wir

$$v_n = \frac{2 \pi z e^2}{n h}. \tag{6}$$

Die Energie des Elektrons setzt sich aus der kinetischen und der potentiellen zusammen. Die kinetische Energie erhalten wir, indem wir das halbe Geschwindigkeitsquadrat mit der Masse m multiplizieren. Die potentielle Energie ist nach dem COULOMBschen Gesetz

$$E_{\text{pot}} = -\frac{z e^2}{a}. \tag{7}$$

Das Vorzeichen muß dabei deshalb negativ gewählt werden, weil eine Vergrößerung der Entfernung a (wegen der Anziehung zwischen Kern und Elektron) eine Energiezufuhr erfordert, die Energie aber zugleich mit a zunimmt, wenn sie mit entgegengesetztem Vorzeichen zu a umgekehrt proportional ist. Natürlich ist trotz des negativen Vorzeichens die Energie selbst nicht negativ, weil in der Gl. 7 noch eine positive Konstante hinzukommt, die für alle Zustände denselben Wert hat. Im übrigen stellt die potentielle Energie die Arbeit dar, die notwendig wäre, um das Elektron, falls es ruhen würde, von seiner Stelle bis in das Unendliche zu entfernen.

Vergleichen wir die Gl. 7 mit der Gl. 3, so finden wir

$$E_{\text{pot}} = -m v^2. \tag{8}$$

Die potentielle Energie ist also entgegengesetzt doppelt so groß wie die kinetische; daher ist die gesamte Energie als Summe aus der kinetischen und der potentiellen

$$E_n = -\frac{m v_n^2}{2} \tag{9}$$

oder nach Gl. 6

$$E_n = -\frac{2 \pi^2 z^2 e^4 m}{n^2 h^2}. \tag{10}$$

Die Energiewerte, die den verschiedenquantigen Bahnen zukommen, verhalten sich also umgekehrt wie die Quadrate der Quantenzahlen.

Für die spektrale Frequenz, die bei einem Übergange zwischen zwei Zuständen auftritt, ergibt sich daher die Beziehung

$$\nu = \frac{2\pi^2 z^2 e^4 m}{h^3}\left(\frac{1}{s^2} - \frac{1}{n^2}\right). \tag{11}$$

Diese Gleichung stimmt mit der verallgemeinerten BALMERschen Formel (Gl. 1) überein; wir müssen dazu nur in dem dem Wasserstoff zukommenden Spezialfall ($z = 1$)

$$R\,c = \frac{2\pi^2 e^4 m}{h^3} \tag{12}$$

setzen. In der Tat erweist sich diese Formel als genau erfüllt, wenn wir auf der rechten Seite die Werte einsetzen, die für e, m und h auf Grund anderweitiger Beobachtungen ermittelt wurden. Durch diese Gleichung ist also der Zusammenhang zwischen der RYDBERGschen Konstanten und den Grundgrößen der Atomtheorie ausgedrückt.

Für einen bestimmten Wert der Zahl s ergibt die Gl. 11 (mit $z = 1$) eine bestimmte Serie, die in der Richtung zunehmender Frequenz gegen diejenige Grenze konvergiert, deren Schwingungszahl $R\,c/s^2$ beträgt. Für die „optische", von BALMER untersuchte Serie ist $s = 2$ zu setzen, für die ultraviolette „LYMAN-Serie" ist $s = 1$, für die ultrarote „PASCHEN-Serie" ist $s = 3$. Im fernen Ultrarot konnten auch diejenigen Serien festgestellt werden, für die s gleich 4 und 5 zu setzen ist. Die Zahl s bestimmt dabei bei der Emission den Endzustand, bei der Absorption hingegen den Anfangszustand des Übergangs.

Wird in den Gleichungen 5 und 6 $z = n = 1$ gesetzt, so findet man für den Grundzustand in dem betrachteten Modell:

$$a^* = 5{,}30 \cdot 10^{-9}\ \text{cm}, \qquad v^*/c = 7{,}29 \cdot 10^{-3}\,. \tag{13}$$

Wird in Gl. 11 $z = 2$ gesetzt, so ergibt sich das Spektrum des ionisierten Heliumatoms, in dem nur ein einziges Elektron den zweifach geladenen Kern umkreist, während das im neutralen Zustand vorhandene zweite Elektron fehlt. In der Tat sind Serien, die durch die Gl. 11 mit $z = 2$ dargestellt werden und die ursprünglich fälschlich dem Wasserstoff zugeschrieben wurden, durch spätere Experimente auf Grund der BOHRschen Theorie als dem Helium zugehörig nachgewiesen worden.

Nach Gl. 11 müßten allerdings bestimmte Linien des Heliumspektrums mit Linien des Wasserstoffspektrums zusammenfallen. Tatsächlich zeigen sich aber die entsprechenden Heliumlinien um eine Kleinigkeit in der Richtung zunehmender Frequenz verschoben. BOHR konnte diese Violettverschiebung qualitativ und quantitativ richtig dadurch erklären, daß er auch die Mitbewegung des Atomkerns berücksichtigte. In der Tat bewegt sich ja nicht das Elektron um den Kern, sondern beide kreisen um den gemeinsamen Schwerpunkt, wobei aber der Heliumkern viermal so schwer wie der Wasserstoffkern ist[2].

§ 62. Nebenquantenzahl, Elektronenspin und PAULIsches Prinzip

Die Vorstellung ein- und mehrquantiger Elektronenbahnen läßt sich, wie vor allem die Betrachtung der Röntgenspektren zeigte, von dem Wasserstoffatom auf beliebige Atome übertragen; aber während im Wasserstoffatom im Normalzustand nur die einquantige Bahn realisiert ist, mußte aus den röntgenspektroskopischen Beobachtungen geschlossen werden, daß im allgemeinen die Planetenelektronen eines Atoms in mehrere Gruppen zerfallen, von denen nur eine einquantige Bahnen beschreibt, eine zweite hingegen zweiquantige Bahnen, eine dritte dreiquantige, und so fort. In einer historisch begründeten Ausdrucksweise nennt man die einquantige Gruppe die K-Gruppe, die zweiquantige die L-Gruppe, die dreiquantige die M-Gruppe, die vierquantige die N-Gruppe usw.

Andererseits führten aber nun optisch-spektroskopische, schon lange bekannte Beobachtungen zu der Erkenntnis, daß unter den Planetenelektronen auch noch von einem anderen Gesichtspunkt aus mehrere Arten unterschieden werden müssen. Bereits im 19. Jahrhundert hatten nämlich die Physiker erkannt, daß sich die wichtigsten Linien der optischen Spektren in Serien ordnen lassen, unter denen die Haupt- oder Prinzipalserie, die „scharfe" und die „diffuse" Nebenserie und später auch die (mit einem schlecht gewählten Ausdruck so bezeichnete) „Fundamentalserie" unterschieden wurden. Die theoretische Deutung

[2] Die Violettverschiebung hat zur Folge, daß das Heliumspektrum einen höheren Wert der RYDBERGschen Konstante ergibt als das Wasserstoffspektrum, nämlich 109722,403 (± 0,004). Noch höher ist natürlich der Wert, der einer „unendlich großen" Kernmasse entsprechen würde und der die Gl. 12 genau erfüllt; er ist 109737,42.

dieser Mannigfaltigkeit von Serien lieferte die Erkenntnis, daß für die Elektronen, die durch irgendwelche Zustandsänderungen die Spektrallinien hervorrufen, (abgesehen von der bisher betrachteten Quantenzahl) verschiedene Arten der Zustände möglich sein müssen, die man (nach den Anfangsbuchstaben der Worte scharf, prinzipal, diffus und fundamental) als *s*-, *p*-, *d*- und *f*-Zustände bezeichnet.

In den Emissionsspektren entstehen die Linien der einzelnen Serien durch folgende Übergänge

Hauptserie	$p \rightarrow s$
Scharfe Nebenserie	$s \rightarrow p$
Diffuse Nebenserie	$d \rightarrow p$
Fundamentalserie	$f \rightarrow d$

Die möglichen *s*-Zustände unterscheiden sich wiederum untereinander durch die früher betrachtete Quantenzahl, ebenso unterscheiden sich untereinander die verschiedenen *p*-Zustände, und so fort. Von der Hauptserie des Natriums, die mit der bekannten starken gelben Linie beginnt, hat man z. B. nicht weniger als 57 Linien beobachten können, die bei der Emission durch Übergänge aus 57 verschiedenquantigen *p*-Zuständen (Quantenzahl 3 bis 59) in einen und denselben *s*-Zustand (Quantenzahl 3) entstehen.

Die spektroskopischen Beobachtungen zeigen nun weiterhin, daß ein einquantiger Zustand kein anderer als ein *s*-Zustand sein kann; ein zweiquantiger kann ein *s*- oder *p*-Zustand sein, ein dreiquantiger ein *s*- oder *p*- oder *d*-Zustand, und erst für einen vierquantigen Zustand sind alle vier Möglichkeiten, nämlich *s*, *p*, *d* und *f*, offen (für einen fünfquantigen noch eine fünfte usw.).

Werden nun in naheliegender Weise die Symbole *s*, *p*, *d* und *f* durch vier aufeinanderfolgende ganze Zahlen ersetzt, so erscheinen jedem Zustand eines Elektrons zwei Quantenzahlen zugeordnet; nämlich außer der „Hauptquantenzahl“, die sich auf die Symbole *K*, *L*, *M*, *N*, *O* usw. bezieht, überdies noch eine sogenannte Nebenquantenzahl, die sich auf die anderen Symbole *s*, *p*, *d*, *f* bezieht und die, wie die Theorie zeigt, für den Drehimpuls der Umlaufsbewegung eines Elektrons maßgebend ist. Indem wir zunächst noch die Frage offen lassen, wie die Zählung der Nebenquantenzahl zu beginnen hat, erkennen wir doch bereits aus dem vorhin Gesagten, daß bei gegebener Hauptquantenzahl *n* die

Nebenquantenzahl insgesamt n verschiedene Werte annehmen kann, und daß die vier optischen Spektralserien dadurch entstehen, daß sich die Nebenquantenzahl um Eins ändert.

Daß indessen auch zwei Quantenzahlen zu der Beschreibung der Mannigfaltigkeit atomarer Zustände nicht ausreichen, zeigt die beobachtbare Multiplizität der Spektrallinien. In stark auflösenden Spektralapparaten erweisen sich viele Linien, die in minder scharfen Apparaten als einfache Linien erscheinen, als doppelte oder dreifache Linien oder auch als Gruppen von noch mehr benachbarten Linien. Die richtige Erklärung für die Multiplizität fanden im Jahre 1925 UHLENBECK und GOUDSMIT durch die Annahme, daß die Elektronen eine Eigenrotation aufweisen, einen sogenannten „Spin", wie er mit dem kurzen englischen Worte oft genannt wird, und daß dieser Spin, für den zwei entgegengesetzte Möglichkeiten angenommen werden müssen, den Elektronen die Eigentümlichkeiten kleiner Magnete verleiht.

Die atomtheoretischen Untersuchungen zeigen nun, daß für die beiden Fälle entgegengesetzter Rotation auch bei gleicher Umlaufsbewegung die Energie, mit der das Elektron an das Atom gebunden ist, verschieden ist. Den beiden Rotationsmöglichkeiten entsprechen zwei verschiedene Werte der Bindungsenergie. Handelt es sich statt um ein einzelnes Elektron um zwei Elektronen, so können es drei verschiedene Werte sein (nach dem Schema ↑↑, ↑↓, ↓↓), bei drei Elektronen vier Werte (nach dem Schema ↑↑↑, ↑↑↓, ↑↓↓, ↓↓↓). Auf dieser Mannigfaltigkeit der Energiewerte beruht auf Grund von Kombinationsbeziehungen die Multiplizität der Spektrallinien.

Nur bei den durch das Nebenquantensymbol s charakterisierten Zuständen unterbleibt der vervielfältigende Einfluß des Elektronen-Spin; dieser Eigentümlichkeit trägt die Atomtheorie Rechnung, indem sie den s-Zuständen die Nebenquantenzahl Null zuordnet, also mit Null die Zählung der Nebenquantenzahl beginnt. Es entsprechen somit den Symbolen s, p, d, f die Nebenquantenzahlen 0, 1, 2, 3.

Um in den atomtheoretischen Untersuchungen auch den Einfluß des Elektronenspin berücksichtigen zu können, muß also jedenfalls neben Haupt- und Nebenquantenzahl noch eine dritte Quantenzahl hinzugefügt werden, die aber nur zwei verschiedene Werte annehmen kann, den beiden entgegengesetzten Rotationsmöglichkeiten entsprechend. Sollen diese beiden Werte der Spin-

Quantenzahl voneinander um Eins verschieden und hinsichtlich ihres Betrages gleich sein, so ergeben sich die beiden möglichen Werte zu $+\frac{1}{2}$ und $-\frac{1}{2}$.

Daß aber selbst die drei bisher betrachteten Quantenzahlen zur Beschreibung der atomaren Zustände nicht ausreichen, sondern noch eine vierte Zahl hinzukommen muß, zeigt die Aufspaltung der Spektrallinien im Magnetfeld. Eine vollständige Deutung dieses Effektes gelang durch die Annahme, daß in einem Magnetfeld die Ebenen der Elektronenbahnen und somit das Atom eine sogenannte Richtungsquantelung erfahren. Wenn das Magnetfeld so stark ist, daß sein Einfluß nicht durch die Wechselwirkung zwischen dem Spin und dem Umlauf eines Elektrons gehemmt ist, so erweisen sich für eine Elektronenbahnebene von der Nebenquantenzahl l insgesamt $(2l+1)$ Orientierungen als möglich; also nur eine für ein s-Elektron, aber drei für ein p-Elektron, fünf für ein d-Elektron und sieben für ein f-Elektron. Als vierte Quantenzahl geht somit in die Atomtheorie noch die sogenannte magnetische Quantenzahl (m) ein, die $(2l+1)$ verschiedene Werte annehmen kann und der wir daher alle ganzen Zahlen von $-l$ bis $+l$ zuschreiben müssen. Jede Kombination von l und m ist aber wieder auf doppelte Art möglich, nämlich mit der Spinquantenzahl $+\frac{1}{2}$ oder $-\frac{1}{2}$. Bei gegebenen Werten von n und l bestehen somit $(4l+2)$ Kombinationsmöglichkeiten, also zwei für einen s-, sechs für einen p-, zehn für einen d- und vierzehn für einen f-Zustand.

Auf Grund von spektroskopischen Erfahrungstatsachen hat nun im Jahre 1925 PAULI das wichtige Prinzip aufgestellt, daß in einem Atom niemals zwei Elektronen in sämtlichen vier Quantenzahlen übereinstimmen können. Unterscheiden wir demnach innerhalb einer n-quantigen Elektronengruppe nach der Nebenquantenzahl Untergruppen, also eine s-, p-, d-, f-Untergruppe, so erscheinen die vorhin genannten Zahlen 2, 6, 10 und 14 als maximale Besetzungszahlen einer s-, bzw. p-, d-, f-Untergruppe. Da nun, wie schon erwähnt, ein einquantiger Zustand nur ein s-Zustand sein kann, ein zweiquantiger nur ein s- oder p-Zustand, und so fort, so folgt somit aus dem PAULIschen Prinzip, daß es in einem Atom nicht mehr als 2 einquantige Elektronen geben kann, nicht mehr als $2+6$ oder 8 zweiquantige, nicht mehr als $2+6+10$ oder 18 dreiquantige und nicht mehr als $2+6+10+14$ oder 32 vierquantige.

§ 63. Die optischen Spektren

Die Gesetzmäßigkeiten der optischen Spektren stehen in einem engen Zusammenhang mit den Eigentümlichkeiten des periodischen Systems der Grundstoffe. Die Elemente der ersten Vertikalreihe, die offenbar ein locker gebundenes „Valenzelektron" enthalten und insbesondere die Alkalimetalle[1] weisen in den Spektren ihrer neutralen Atome, den sogenannten Bogenspektren, eine weitgehende Ähnlichkeit mit dem Wasserstoff auf; es bestehen einfache Serienzusammenhänge, in denen die RYDBERGsche Konstante eine wesentliche Rolle spielt. Eine weitgehende Ähnlichkeit mit den Bogenspektren der Alkalimetalle zeigen wieder die von den ionisierten Atomen der Erdalkalien herrührenden „Funkenspektren"[2]. Dabei erscheinen in diesen Funkenspektren (vgl. Gl. 11 des § 61) die Bogenterme der Alkalimetalle vervierfacht, da für das Bogenspektrum der Alkalimetalle ein Atomrumpf von der Ladung $+ e$ wirksam ist, hingegen für das Funkenspektrum der Erdalkalien ein Atomrumpf von der Ladung $+ 2e$. Den Alkalispektren sind auch die höheren Funkenspektren ähnlich, die von mehrfach ionisierten Atomen herrühren, denen alle Valenzelektronen bis auf eines entrissen sind. So kennt man z. B. in der dritten Periode die Spektren sämtlicher Atome vom Natrium bis zu dem Chlor mit je einem einzigen Valenzelektron[3]. Es bedeutet eine ausgezeichnete Bestätigung der Quantentheorie der Spektren, daß in der Tat hierbei die Bogenterme des Natriums für Mg 4fach, für Al 9fach, für Si 16fach, für P 25fach, für S 36fach und für Cl 49fach vergrößert erscheinen.

Während in den Bogenspektren der Alkalimetalle die Terme (mit Ausnahme der immer einfachen s-Terme) stets doppelt, also „Dublett-Terme" sind[4], ergeben sich bei Atomen mit zwei

---

[1] Die Alkalimetalle sind (von Wasserstoff abgesehen) die Elemente der Ia-Reihe; die Elemente der IIa-Reihe stellen die Erdalkalien dar.

[2] Die Bezeichnungen erklären sich daraus, daß die Spektren der neutralen Atome im Lichtbogen erzeugt werden, während die Spektren der ionisierten Atome durch elektrische Funkenentladung hervorgerufen werden müssen.

[3] Es handelt sich also hierbei z. B. um sechsfach ionisiertes Chlor. Die Spektren dieser sogenannten „stripped atoms" erhielten MILLIKAN und BOWEN mittels der Methode des „explodierenden Vakuumfunkens". Die Atomtheorie nimmt natürlich an, daß die Zahl der Valenzelektronen des neutralen Atoms von der ersten bis zur achten Vertikalreihe des periodischen Systems im allgemeinen von 1 bis 8 ansteigt.

[4] Es handelt sich dabei um ein Paar verschiedener, jedoch eng benachbarter Terme.

Valenzelektronen (z. B. den neutralen Atomen der Erdalkalien oder von Zn, Cd und Hg) zwei nebeneinander bestehende Termsysteme; in dem sogenannten Singulett-System sind sämtliche Terme einfach, während in dem Triplett-System (wieder mit Ausnahme der einfachen *s*-Terme) alle Terme dreifach sind. Überdies treten auch als „verschobene" Terme solche auf, die Zuständen entsprechen, in denen gleichzeitig zwei Elektronen angeregt sind.

Elemente der dritten Reihe zeigen in ihren Bogenspektren nur ein Dublettsystem. Ganz allgemein gilt der von SOMMERFELD aufgestellte „Wechselsatz", wonach bei ungerader Zahl der Valenzelektronen gerade Multiplizität auftritt (also Dublett-, Quartett-, Sextett- oder Oktett-Systeme), hingegen bei gerader Elektronenzahl ungerade Multiplizität (also Singulett-, Triplett-, Quintett-, Septett-Systeme).

§ 64. Die Röntgenspektren

In den von MOSELEY 1913 entdeckten Röntgenspektren[1] werden, wie teilweise schon erwähnt, eine kürzerwellige *K*-Serie und eine längerwellige *L*-Serie, bei den Elementen mit hohem Atomgewicht überdies eine *M*- und eine *N*-Serie mit noch größeren Wellenlängen beobachtet.

Wie bereits MOSELEY fand, ist die stärkste Linie der *K*-Serie, die K_α-Linie, durch die Formel darstellbar

$$\frac{\nu}{c} = \frac{3}{4} R (z - a)^2 , \tag{1}$$

wobei R die RYDBERGsche Konstante bedeutet, z die Kernladungszahl des betreffenden Grundstoffs und a eine konstante Zahl, die für die meisten Grundstoffe nur wenig von 1,6 verschieden ist. Da 3/4 gleich $1/1^2 - 1/2^2$ ist, ist diese Gleichung offenbar so zu deuten, daß die K_α-Linie durch Übergang eines Elektrons aus einem zweiquantigen in einen einquantigen Zustand entsteht, daß indessen der Kern hierbei so wirkt, als ob ein Teil seiner Ladung, nämlich $a\,e$ abgeschirmt wäre, und zwar infolge der Abstoßung, die das Elektron durch die anderen Planetenelektronen erfährt.

---

[1] Schon 1905 hatte BARKLA die wichtige Entdeckung der charakteristischen Röntgenstrahlen gemacht. Er hatte nämlich gefunden, daß ein von primären Röntgenstrahlen getroffener Körper eine sekundäre Röntgenstrahlung aussendet, die im wesentlichen aus homogenen Strahlen besteht, deren Härte sich als eine charakteristische Eigenschaft der Atome des betreffenden Körpers erwies.

In ähnlicher Weise fand MOSELEY für die stärkste Linie der L-Serie, die L_α-Linie, die Beziehung

$$\frac{\nu}{c} = \frac{5}{36} R (z - b)^2, \tag{2}$$

wobei b wiederum eine Abschirmungskonstante ist. Für die meisten Grundstoffe ist sie ungefähr gleich 3,5; doch sind die

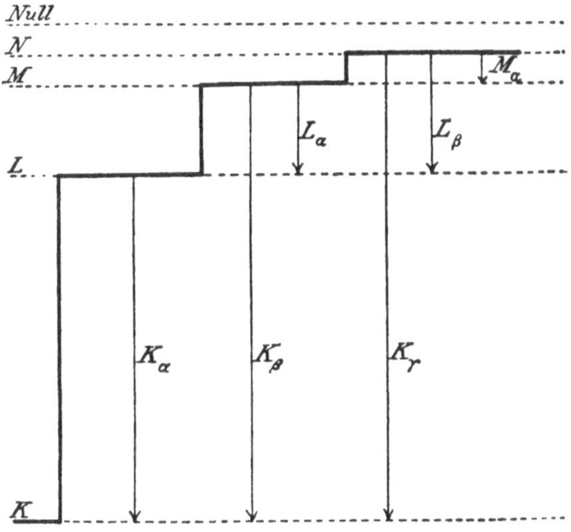

Fig. 17. Schema der wichtigsten Röntgenlinien.

Abweichungen in dem Werte der Abschirmungskonstante wesentlich größer als bei der K_α-Linie. Die L_α-Linie ist nach Gl. 2 offenbar so zu deuten, daß sie durch den Übergang eines Elektrons aus einem dreiquantigen (M-) in einen zweiquantigen (L-) Zustand entsteht (denn 5/36 ist gleich $1/2^2 - 1/3^2$). Das Schema der wichtigsten Röntgenlinien ist in Fig. 17 wiedergegeben[2], aus der auch ohne weiteres die folgenden, für die Frequenzen angenähert geltenden Kombinationsbeziehungen folgen:

$$\left\{ \begin{array}{l} K_\beta = K_\alpha + L_\alpha, \quad K_\gamma = K_\alpha + L_\beta = K_\beta + M_\alpha, \\ \qquad L_\beta = L_\alpha + M_\alpha. \end{array} \right. \tag{3}$$

[2] Die gestrichelte Nullinie entspricht dem Energiewerte Null, während den anderen Niveaus negative Energiewerte zukommen.

Aus Beobachtungen über die zu der Erregung einer Röntgenlinie erforderliche Spannung folgt, wie zuerst KOSSEL zeigte, daß die Emission einer Röntgenlinie zur Voraussetzung hat, daß vorher ein Elektron des emittierenden Atoms aus seiner normalen

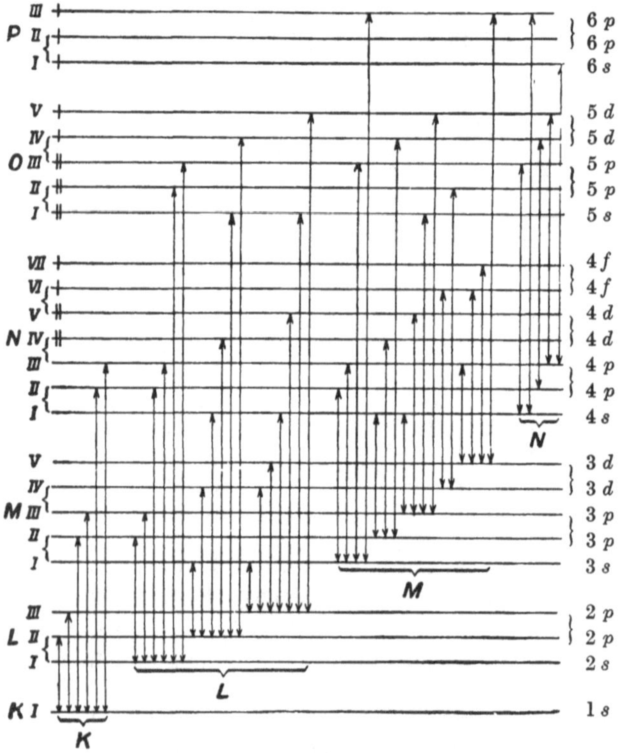

Fig. 18. Schema der Röntgenterme und Röntgenlinien.

Bahn bis über die Atomgrenze entfernt wurde, daß also zunächst gewissermaßen ein Platz im Atom frei wurde und den leer gewordenen Platz sodann ein Elektron eines höheren Energieniveaus einnimmt.

Aus der großen Mannigfaltigkeit der zu den einzelnen Serien gehörigen Linien ist es ersichtlich, daß das System der Röntgenterme (ähnlich wie das der Alkalimetalle) ein Dublettsystem ist, bei dem *s*-, *p*-, *d*- und *f*-Terme unterschieden werden können. Da die *s*-Terme, wie schon erwähnt, stets einfach sind, kann es somit zwar nur einen *K*-Term, jedoch drei *L*-Terme, fünf *M*-Terme, sieben *N*-Terme geben, und so fort. Die Grundstoffe mit den höchsten Ordnungszahlen weisen einen *K*-Term, drei *L*-, fünf *M*-, sieben *N*-, fünf *O*- und drei *P*-Terme auf. Von diesen Termen kommen immer mehr in Wegfall, wenn man die natürliche Reihe der Elemente hinab verfolgt.

Fig. 18 stellt das Schema der Röntgenterme für die höchsten Elemente von der Emanation angefangen dar. Durch einfache vertikale Striche am linken Rand sind diejenigen Terme bezeichnet, die allmählich in Wegfall kommen, wenn wir die Grundstoffreihe von der Emanation hinab zu dem Xenon schreiten. Für die dem Krypton benachbarten Elemente fallen überdies auch die Terme weg, die in Fig. 18 durch zwei vertikale Striche gekennzeichnet sind. Auf dem rechten Rande der Fig. 18 stehen links von dem Buchstabensymbol die Werte der Hauptquantenzahl. Wie aus Fig. 18 ersichtlich ist, sind zwischen den Termen nur bestimmte, durch gewisse „Auswahlregeln" festgesetzte Kombinationen möglich, die die einzelnen, in Serien zusammengefaßten Linien ergeben.

Die präzisesten Wellenlängenbestimmungen der Röntgenspektroskopie gründen sich auf Laues Entdeckung der Interferenz der Röntgenstrahlen in Kristallen, die infolge der regelmäßigen Anordnungen der Atome räumliche Beugungsgitter darstellen. Die Gitterkonstante wird auf Grund des bekannten Wertes der Loschmidtschen Zahl aus Dichte und Molekulargewicht ermittelt; sie beträgt z. B. für den Steinsalzkristall $2{,}814 \cdot 10^{-8}$ cm.

§ 65. Die Elektronengruppierung in den Atomhüllen

Ein fundamentales Problem entstand der Atomtheorie in der Aufgabe, für die mannigfachen Grundstoffe die Gruppierung der Planetenelektronen zu ermitteln; von ihnen wußte man ja, daß sie Gruppen von verschiedenen Hauptquantenzahlen und innerhalb dieser Gruppen Untergruppen von verschiedener Nebenquantenzahl (den Symbolen *s*, *p*, *d*, *f* entsprechend) bilden. Es handelte sich nun darum, es für jeden Grundstoff anzugeben, wie sich die Elektronen seiner den Atomkern umgebenden „Atomhülle" auf die einzelnen Gruppen und Untergruppen verteilen. Die Lösung dieser Aufgabe ist in den Jahren 1925 und 1926 auf Grund der spektroskopischen Erfahrungen mittels des PAULIschen Prinzips geglückt.

Die ersten drei Perioden des Grundstoff-Systems (die Zweierperiode und die beiden Achterperioden; vgl. die frühere Tab. I in § 58) bieten hinsichtlich der Fragen der Elektronenanordnung keine Schwierigkeiten. Daß die erste Periode nur zwei Grundstoffe (H und He) enthält, ist eine notwendige Folge des PAULIschen Prinzips, das in keinem Atom mehr als zwei einquantige Elektronen zuläßt. Da es nach dem PAULIschen Prinzip auch nicht mehr als acht zweiquantige Elektronen geben kann, und in der Tat die zweite Periode acht Elemente umfaßt, so ergibt sich die Folgerung, daß alle acht Grundstoffe der zweiten Periode (Li bis Ne) im Grundzustand neben den zwei einquantigen nur zweiquantige Elektronen enthalten. Wie aus den optischen Spektren geschlossen werden kann, vollzieht sich der Ausbau der zweiquantigen Gruppe so, daß zuerst ein *s*-Elektron und dann ein zweites *s*-Elektron und dann der Reihe nach sechs *p*-Elektronen auftreten. Dasselbe ergibt sich auch für den Ausbau der dreiquantigen Elektronengruppe, soweit sich dieser Ausbau in der dritten Periode (Na bis Ar) vollzieht.

Während aber bei dem die zweite Periode abschließenden Neon die zweiquantige Elektronengruppe voll besetzt ist, ist das bei dem die dritte Periode abschließenden Argon keineswegs hinsichtlich der dreiquantigen Gruppe der Fall. Diese enthält bei den Elementen der dritten Periode im Grundzustand nur *s*- und *p*-Elektronen, während die *d*-Elektronen im Grundzustand noch völlig fehlen. Mit Kalium und Calcium setzt, wie aus deren Spektren geschlossen werden muß, der Ausbau der vierquantigen Gruppe bereits ein, bevor noch die Ausbildung der dreiquantigen *d*-Untergruppe begonnen hat. Diese fängt vielmehr erst, nachdem bereits zwei vierquantige *s*-Elektronen hinzugekommen sind, bei dem 21. Element, dem Scandium, an, wie man deutlich aus dem ersten und zweiten Funkenspektrum dieses Elementes erkannte[1]. Von dem Scandium an vollzieht sich dann die Vervollständigung der dreiquantigen Elektronengruppe, die mit dem Kupfer abgeschlossen erscheint. Die in der vierten Periode auf

[1] Das einzige Elektron, das das zweifach ionisierte Scandium-Atom außerhalb der einquantigen und zweiquantigen Gruppe besitzt, erweist sich als dreiquantiges *d*-Elektron.

Kupfer folgenden Elemente sind sowohl in spektroskopischer als auch in chemischer Hinsicht den entsprechenden Grundstoffen in der zweiten bis achten Spalte der beiden Achter-Perioden ähnlich.

Am Ende der vierten Periode, also bei Krypton, sind von der vierquantigen Gruppe nur die *s*- und *p*-Untergruppe ausgebildet; aber selbst am Ende der fünften Periode, also bei Xenon, ist die vierquantige Gruppe noch unvollständig. Es sind jetzt zwar die *s*-, *p*- und *d*-Untergruppe komplett, hingegen fehlt die *f*-Untergruppe noch völlig. Im Xenon-Atom ist, wenn wir die Hauptquantenzahlen mit römischen Ziffern bezeichnen, die Gruppierung folgende: I: 2 *s*-Elektronen; II: 2 *s*, 6 *p*; III: 2 *s*, 6 *p*, 10 *d*; IV: 2 *s*, 6 *p*, 10 *d*; V: 2 *s*, 6 *p*. Die Addition der Elektronenzahlen ergibt in der Tat 54, der Ordnungszahl des Edelgases Xenon entsprechend. Das Emanations-Atom (Nr. 86) enthält überdies eine vierquantige *f*-Untergruppe von 14, eine fünfquantige *d*-Untergruppe von 10, eine sechsquantige *s*-Untergruppe von 2 und eine sechsquantige *p*-Untergruppe von 6 Elektronen. $14 + 10 + 2 + 6$ ergibt in der Tat 32, dem Unterschied der Ordnungszahlen von Emanation und Xenon entsprechend. In der siebenten Periode kommen dann noch siebenquantige Elektronen hinzu.

Die merkwürdige Sonderstellung, die innerhalb der sechsten Periode die Elemente mit den Ordnungszahlen 57 bis 71 als „seltene Erden" einnehmen, erklärt sich daraus, daß mit dem 58. Element der Ausbau der vierquantigen, 14 Elektronen umfassenden *f*-Untergruppe einsetzt, dieser Vorgang sich aber bereits bei Vorhandensein fünf- und sechsquantiger Elektronenbahnen, also schon ziemlich weit im Atominnern abspielt. Infolgedessen bleiben während dieser Komplettierung die durch die äußeren Elektronen bedingten chemischen und physikalischen Eigenschaften fast ungeändert, so daß in diesen Eigenschaften die 14 auf das Lanthan folgenden Grundstoffe mit dem Lanthan ziemlich übereinstimmen[2].

[2] Erst die Quantentheorie des Atoms führte zu der Erkenntnis, daß es mit dem Lanthan nur 15 und nicht 16 seltene Erden geben könne, wie man vor der Entdeckung des Hafniums (Nr. 72) angenommen hatte. Dadurch bot die Quantentheorie den Fingerzeig, nach dem unbekannten Element Nr. 72 nicht in den Mineralien zu suchen, in denen seltene Erden aufgefunden werden, sondern dort, wo Zirkon (als Repräsentant der IVa-Spalte der fünften Periode) vorkommt. In der Tat glückte auf diesem Wege 1922 die Entdeckung des keineswegs sehr seltenen Hafniums.

§ 66. Die Wechselwirkungen zwischen Licht und Atomhüllen

Unter den Erscheinungen, die auf einer Wechselwirkung zwischen elektromagnetischen Wellen (also Licht im weitesten Sinne) und Atomhüllen beruhen, ist am längsten die bereits von NEWTON erforschte Dispersion des Lichtes bekannt. Wie die wellenmechanische Theorie erkennen ließ, hängen die Dispersionsphänomene keineswegs, so wie es die ältere Elektronen- und Quantentheorie angenommen hatte, von wirklichen Schwingungs- oder Umlaufsfrequenzen der Elektronen in den Atomen ab, sondern von sämtlichen möglichen spektralen Frequenzen des von der Lichtwelle getroffenen Atoms — ohne daß diese möglichen Frequenzen wirklich auftreten müßten.

Aus der neuen Auffassung der Dispersion ergibt sich die wichtige Folgerung, daß in der durch Molekeln gestreuten Strahlung auch Kombinationsfrequenzen auftreten können, nämlich Schwingungszahlen, die der Summe oder Differenz aus der primären Schwingungszahl und einer Eigenfrequenz der dispergierenden Molekel gleich sind (vgl. § 67). Diese Folgerung aus der Theorie erscheint durch den 1928 entdeckten RAMAN-Effekt tatsächlich bestätigt; aus den „RAMAN-Spektren“ können die für eine Molekel charakteristischen ultraroten Frequenzen bestimmt werden.

Auf Zusammenstößen zwischen Lichtquanten und locker gebundenen Elektronen beruht der 1922 entdeckte COMPTON-Effekt. Aus den Sätzen von der Erhaltung des Impulses und der Energie folgt, daß bei einem solchen Zusammenstoß eine Vergrößerung der Wellenlänge um

$$\Delta \lambda = 2 \lambda_0 \sin^2 \frac{\varphi}{2} \tag{1}$$

eintritt, wenn φ der Streuwinkel und λ_0 eine universelle Konstante ist, nämlich

$$\lambda_0 = \frac{h}{m c} = 2{,}43 \cdot 10^{-10}\,\text{cm}, \tag{2}$$

wobei m die Ruhemasse eines Elektrons bedeutet. Die Wellenlängenänderung ist also von der Wellenlänge selbst unabhängig. Begreiflicherweise konnte daher der COMPTON-Effekt nur bei sehr kurzwelliger Strahlung, also nur bei Röntgenstrahlen nachgewiesen werden. In Übereinstimmung mit der Theorie zeigten auch die Versuche, daß in dem Streuspektrum neben der verschobenen Linie überdies die unverschobene auftritt, und zwar um so stärker, je höher das Atomgewicht des bestrahlten Stoffes ist[1].

§ 67. Die Spektren der Molekeln

Ebenso wie die Atome weisen auch die Molekeln ihnen eigentümliche Spektren auf, die allerdings viel komplizierter als die Spektren der Atome sind. Die fundamentalen Gesetzmäßigkeiten, die die Molekularspektren zeigen, konnten auf Grund der Annahme gedeutet werden, daß sich die molekulare Energie aus drei Bestandteilen zusammensetzt, deren jeder nur diskreter, abgestufter Werte fähig ist. Als erster Bestandteil ist die Rotationsenergie der Molekel anzusehen, als zweiter die Energie der Kernschwingungen, als dritter Bestandteil endlich derjenige, der von den Umlaufsbewegungen der Elektronen herrührt, also die Elektronenenergie. Wie von vornherein zu erwarten ist, erweisen sich die Stufen der Rotationsenergie als klein, verglichen mit denen der Schwingungsenergie, und diese wieder als klein im Vergleiche mit den Stufen der Elektronenenergie.

Unter den Änderungen der molekularen Energie bilden einen einfachen Sonderfall diejenigen Änderungen, bei denen die Elektronenenergie ihrerseits konstant bleibt. Die Gesamtheit der Linien, die solchen Änderungen entsprechen, stellt das Rotationsschwingungsspektrum der betreffenden Molekel dar. Es setzt sich aus einzelnen Banden zusammen, deren jede sich um einen bestimmten Wert der Kernschwingungsfrequenz (ν_s) gemäß der Formel gruppiert

$$(1) \qquad \nu = \nu_s \pm \frac{z\,h}{4\,\pi^2 J} \qquad (z = 1, 2, 3 \text{ usw.}),$$

wobei J das Trägheitsmoment der Molekel bedeutet. Die einzelnen Banden stellen demnach Folgen äquidistanter Linien dar[1]. Folgen von Absorptionslinien, die diesem Schema entsprechen, sind in der Tat bei vielen Substanzen im näheren Ultrarot festgestellt und untersucht worden, so vor allem bei den Wasserstoffverbindungen der Halogene (wie HCl usw.).

[1] Die Beobachtungen über den Compton-Effekt stellen umgekehrt eine Bestätigung der korpuskularen Auffassung dar, die den Lichtquanten wie Materieteilchen einen Impuls zuschreibt.

[1] Aus der Theorie folgt, daß die Mitte, die sogenannte Nullinie, ausfallen muß, was auch in der Tat die Beobachtung zeigt.

Es erscheinen natürlich auch Quantensprünge möglich, bei denen die Änderung der molekularen Energie auf die Rotationsenergie beschränkt ist. In solchen Fällen ist ein „reines“ Rotationsspektrum zu erwarten, das durch Gl. 1 beschrieben wird, wenn wir darin ν_s sowie das Symbol $\pm$ streichen. Spektren solcher Art sind in der Tat im fernen Ultrarot, vor allem bei Wasserdampf, beobachtet und ausgemessen worden.

Ebenso wie sich das reine Rotationsspektrum über eine Kernschwingungsfrequenz überlagern kann, so kann sich auch das gesamte Rotationsschwingungsspektrum über eine optische Frequenz superponieren, die durch einen Elektronenübergang hervorgerufen wird. Es entsteht dadurch ein sogenanntes Bandensystem, das zu dem betreffenden Elektronenübergang gehört. Die Gesamtheit aller Bandensysteme, die mit den Elektronensprüngen einer Molekel verbunden sind, stellt das Bandenspektrum der betreffenden Molekel dar.

Im optischen Gebiet erscheint allerdings das Rotationsschwingungsspektrum nur verzerrt wiederholt; es erklärt sich dies dadurch, daß eine Änderung der Elektronenkonfiguration zugleich auch den Kernabstand und damit das Trägheitsmoment der Molekel verändert. Die Theorie zeigt, daß die für die Rotationsenergie maßgebende „Rotationsquantenzahl“ bei einem solchen Elektronensprung sich entweder um eins erhöht oder ungeändert bleibt oder sich um eins erniedrigt, weshalb es innerhalb einer Bande drei „Bandenzweige“ gibt.

In vielen Bandenspektren konnten merkwürdige Konvergenzstellen nachgewiesen werden, in denen, wie FRANCK erkannte, die Dissoziationsenergie der Molekel zum Ausdruck kommt[2]. Es ergab sich derart bei zahlreichen Molekeln die Möglichkeit einer optischen Bestimmung der sonst thermochemisch ermittelten Dissoziationswärme, wobei gute Übereinstimmung festgestellt werden konnte.

Aus den Bandenspektren zweiatomiger Molekeln läßt sich das molekulare Trägheitsmoment und damit auch der Abstand der beiden Atomkerne bestimmen. Für den Grundzustand der H_2-Molekel fand man z. B. einen Kernabstand von $7{,}5 \cdot 10^{-9}$ cm, also etwa das $1^1/_2$fache des Elektronenbahnradius im normalen Wasserstoffatom.

---

[2] Es besteht Analogie mit den Atomspektren, in denen Konvergenzstellen die Ionisierungsenergie repräsentieren.

Die Bindung zwischen zwei in einer Molekel verbundenen, entgegengesetzt geladenen Atomen ist wohl elektrostatischer Natur; hingegen ist die Wechselwirkung zwischen zwei neutralen und gleichbeschaffenen Atomen, wie HEITLER und LONDON erkannten, vorwiegend auf wellenmechanische Resonanz zurückzuführen. Für die Wechselwirkungsenergie zweier neutraler, im Grundzustand befindlicher Wasserstoffatome ergeben sich z. B. zwei verschiedene Lösungen, von denen eine Anziehung, die andere beständige Abstoßung bedeutet und wobei die erste Lösung für den Kernabstand tatsächlich mit der Erfahrung übereinstimmende Werte ergibt. Bei zwei im Grundzustand befindlichen neutralen Heliumatomen erscheint hingegen nur die Abstoßung bedeutende Lösung möglich, und zwar auf Grund des PAULIschen Prinzips, das derart eine Bindung bei Helium verbietet.

Für Molekeln, die aus zwei gleichen Atomen bestehen, ergibt die Wellenmechanik zwei verschiedene Modifikationen, zwischen denen Übergänge ausgeschlossen erscheinen; der sogenannten Paramodifikation entsprechen gerade, der Orthomodifikation ungerade Rotationsquantenzahlen. Bei den Wasserstoffmolekeln kommt den Orthozuständen ein dreimal so großes „statistisches Gewicht" wie den Parazuständen zu; d. h. sie sind an sich dreimal so häufig. Die Verschiedenheit der Energiestufung von Ortho- und Parawasserstoff führt zu einer Verschiedenheit der spezifischen Wärmen, die sich, und zwar infolge des geringen molekularen Trägheitsmomentes des Wasserstoffs, bei tiefen Temperaturen deutlich äußern muß.

Der empirisch ermittelte Temperaturverlauf der spezifischen Wärme des Wasserstoffs ist so, wie er für eine Mischung von drei Vierteln Ortho- und einem Viertel Parawasserstoff berechnet wird. Das statistisch begründete Mischungsverhältnis von 3 : 1 stellt jedoch nur für höhere Temperaturen das Gleichgewichtsverhältnis dar; letzteres verschiebt sich vielmehr mit sinkender Temperatur immer mehr zugunsten des Parawasserstoffs, dessen Anteil bei der Temperatur des flüssigen Wasserstoffs 99,7% beträgt. Die Gleichgewichtseinstellung, die durch den Protonen- und Elektronenspin möglich erscheint, für gewöhnlich aber nur ungemein langsam vor sich geht, kann durch Benutzung geeigneter Katalysatoren außerordentlich beschleunigt werden. Derart ist tatsächlich 1929 BONHOEFFER und HARTECK die Herstellung von praktisch reinem Parawasserstoff gelungen.

Vierzehntes Kapitel

Die Atomkerne

§ 68. Die Isotopie

Die Stellung eines Grundstoffs im periodischen System hängt, wie wir sahen, lediglich von seiner Kernladung ab. Da die Kerne der Atome zusammengesetzt sind, können somit zwei Atome auch bei verschiedener Zusammensetzung das gleiche chemische Verhalten zeigen, woferne nur die resultierende Kernladung in beiden Fällen dieselbe ist. Derart ergibt sich die Möglichkeit, daß zwei Stoffe trotz verschiedenen Atomgewichtes dennoch nur verschiedene Arten eines und desselben Elementes, daß sie sogenannte Isotope darstellen.

Bereits im Jahre 1910 begründete SODDY die Auffassung, daß die „Grundstoffe" Gemische mehrerer, chemisch im allgemeinen nicht trennbarer, verschieden schwerer Arten darstellen, und daß hierauf die scheinbaren größeren Abweichungen der Atomgewichte von den ganzen Zahlen zurückzuführen seien[1]. Der tatsächliche Nachweis von Isotopie ist zuerst J. J. THOMSON bei dem Neon gelungen, das sich bei einem Mischungsgewicht von 20,2 als Vermengung zweier Isotope von den nahezu ganzzahligen Massen 20 und 22 ergab. Zu diesem Nachweis benutzte THOMSON die von der Masse abhängigen Ablenkungen, die die positiv geladenen Atome des zu untersuchenden Stoffes in einem elektrischen und magnetischen Felde erfahren.

Diese Methode wurde 1919 von ASTON zur Massenspektroskopie erweitert, mittels deren seitdem die meisten Elemente auf Isotopie untersucht werden konnten. Gegenwärtig beläuft sich die Gesamtzahl der festgestellten Grundstoffarten (einschließlich der radioaktiven) bereits auf nahezu 300. Die größte Zahl von Isotopen, nämlich elf, hat man bei Zinn gefunden; bei einem Mischungsgewicht des Zinns von 118,70 besitzt das leichteste Isotop die Masse 112 und das schwerste die Masse 124. Als allgemeine, theoretisch allerdings bisher noch nicht erklärte Regel gilt, daß Grundstoffe mit ungerader Ordnungszahl (von Wasserstoff vielleicht abgesehen) nie mehr als zwei stabile Isotope aufweisen, und diese wiederum ungerade, und untereinander um

[1] Besonders auffällig war diese Abweichung bei Chlor, dessen Atomgewicht zu $35^1/_2$ bestimmt wurde.

zwei verschiedene Massenzahlen haben; nur die leichtesten Elemente, nämlich Wasserstoff, Lithium, Bor und Stickstoff, weichen von dem zweiten Teil dieser Regel ab[2].

Massenbestimmungen sind auf massenspektroskopischem Wege mit einer Genauigkeit möglich, die sich bei den leichteren Elementen bis auf die vierte oder gar fünfte Dezimalstelle erstreckt. Mittels der ASTONschen Methode können Isotope noch nachgewiesen werden, wenn ihnen innerhalb des Grundstoffs eine Häufigkeit von 1 : 1000 zukommt. Eine feinere Methode zum Nachweis der Isotopie stellt die Untersuchung der Bandenspektren dar; auf diesem Wege konnten die recht seltenen Isotopen des Sauerstoffs (Massen 18 und 17), des Kohlenstoffs (Masse 13) und des Stickstoffs (Masse 15) entdeckt werden. Ein ^{18}O-Atom kommt auf ungefähr 600 normale Sauerstoff-Atome vom Gewicht 16, und ein ^{17}O-Atom auf ungefähr 2000 bis 3000 normale O-Atome.

Unter den Neben-Isotopen erweckte naturgemäß das größte Interesse der 1932 entdeckte „schwere Wasserstoff" von der Masse 2. Den Anlaß zu seiner Auffindung bot die an die Entdeckung der Sauerstoff-Isotope sich anschließende Feststellung BIRGES, daß sich auf Grund massenspektroskopischer Messungen das Atomgewicht des Wasserstoffs kleiner als auf Grund der chemischen Bestimmungen ergibt[3], nämlich zu 1,00756 statt zu 1,00778. Da bei den massenspektroskopischen Messungen nur Wasserstoff von der Masse 1 beteiligt war, an den chemischen hingegen auch etwa vorhandene Neben-Isotope, so schloß BIRGE auf das Vorhandensein einer zweiten, schwereren Wasserstoffart. UREY ist es dann tatsächlich gelungen, im optischen Spektrum des Wasserstoffs Nebenlinien an solchen Stellen nachzuweisen, an denen sie auf Grund der BOHRschen Theorie des Wasserstoffspektrums für Atome mit doppelter Masse zu erwarten waren[4].

---

[2] Natürlich kennt man auch zahlreiche Fälle von sogenannter Isobarie, indem zwei Arten verschiedener Grundstoffe gleiche Massezahlen aufweisen. Die Massenzahl 40 kommt z. B. sowohl einem Argon- als auch einem Calcium-Isotop zu.

[3] Scheinbar herrschte zunächst (bis zur Entdeckung der Sauerstoff-Isotope) zwischen beiden Werten Übereinstimmung, aber nur zufällig deshalb, weil die massenspektroskopische Bestimmung tatsächlich ^{16}O zur Basis hatte, die chemische hingegen die Mischung der drei Sauerstoff-Isotope. Als diese Verschiedenheit berücksichtigt wurde, kam die erwähnte Diskrepanz zum Vorschein.

[4] Vgl. das in § 61 über das Spektrum des ionisierten Heliumatoms Gesagte!

Auf elektrochemischem Wege ist es schließlich geglückt, das Isotop von doppelter Masse abzutrennen und hierbei festzustellen, daß schweres Wasser eine um 11% höhere Dichte als gewöhnliches Wasser hat, bei + 3,8° C gefriert, bei 101,42° C siedet und die höchste Dichte bei 11,6° C (statt bei 4° C) aufweist. Ein Wasserstoff-Isotop mit dreifacher Masse wurde 1934 durch RUTHERFORD bei Versuchen über Grundstoffumwandlungen nachgewiesen.

Für die leichtesten acht Grundstoffe sind derzeit (1934) folgende Isotope bekannt, wobei sich der untere Index bei den chemischen Symbolen auf die Kernladungszahl bezieht und das häufigere Isotop dem selteneren vorangeht: ${}_1H$ 1, 2, 3; ${}_2He$ 4, 3 (?); ${}_3Li$ 7, 6; ${}_4Be$ 9, 8 (?); ${}_5B$ 11, 10; ${}_6C$ 12, 13; ${}_7N$ 14, 15; ${}_8O$ 16, 18, 17.

§ 69. Die Radioaktivität

Die Vorstellung des Kernatoms liefert den Schlüssel zum Verständnis der bereits seit 1896 bekannten Erscheinungen der Radioaktivität; sie beruhen darauf, daß von instabilen Atomkernen α-Teilchen oder als β-Teilchen bezeichnete Elektronen abgesplittert werden und mit großer Wucht das zerfallende Atom verlassen. Da die fortgeschleuderten Teilchen elektrisch geladen sind, wird dadurch die Kernladungszahl und damit der chemische Charakter des Atoms verändert.

Nun haben α-Teilchen die Ladung + 2 und die Masse 4, β-Teilchen hingegen die Ladung − 1 und die Masse 0; dadurch erklärt sich ohne weiteres das empirisch 1913 von SODDY und von FAJANS aufgefundene Gesetz der radioaktiven Grundstoffumwandlung. Danach erniedrigt eine α-Umwandlung die Ordnungszahl um 2 und das Atomgewicht um 4, während eine β-Umwandlung die Ordnungszahl um 1 ohne Änderung des Atomgewichtes erhöht.

Daß die von radioaktiven Substanzen fortgeschleuderten α-Teilchen Heliumkerne darstellen, konnte unmittelbar durch den Nachweis von Heliumbildung bestätigt werden. Es war sogar möglich, die Menge des erzeugten Heliumgases zu messen und nachzuweisen, daß die Zahl der in einer bestimmten Zeit produzierten Helium-Atome mit der Zahl der in der gleichen Zeit emittierten α-Teilchen übereinstimmt.

Die Erfahrung zeigt, daß die Zahl der in einem Zeitelement Δt in einer beliebigen radioaktiven Substanz zerfallenden Atome ΔN

proportional zu Δt und zu der Zahl N der vorhandenen Atome ist. Durch die Gleichung

(1) $$\Delta N = -\lambda N \Delta t$$

erscheint somit eine für den radioaktiven Grundstoff charakteristische Konstante, die sogenannte Zerfallskonstante (λ) definiert. Durch Integration der Gl. 1 finden wir

(2) $$N = N_0 e^{-\lambda t},$$

wobei N_0 die Zahl der Atome zur Zeit $t = 0$ bedeutet. Diejenige Zeit, für die N halb so groß wie N_0 wird, wird als die Halbwertszeit bezeichnet[1]. Sie liegt für die bekannten radioaktiven Substanzen zwischen 10^{-12} sec und 10^{12} Jahren und beträgt z. B. für Radium 1580 Jahre.

Ein wichtiger Sonderfall liegt vor, wenn sich eine selbst radioaktive Substanz aus einer Muttersubstanz von sehr viel längerer Lebensdauer bildet, so daß in einem gewählten Zeitintervall gleichzeitig Atome des Umwandlungsproduktes zerfallen, während andererseits neue Atome des Umwandlungsproduktes infolge des Zerfalles der Muttersubstanz entstehen. Bezeichnen wir die Zerfallskonstanten von Mutter- und Tochtersubstanz mit λ und λ', so läßt sich unter der getroffenen Voraussetzung, daß λ klein gegen λ' sei, aus Gl. 2 die wichtige Beziehung ableiten

(3) $$N_0 \lambda = N' \lambda';$$

dabei bedeuten N_0 die nahezu konstant bleibende Zahl der ursprünglich vorhandenen Atome der langlebigen Muttersubstanz und N' die Zahl der vorhandenen Atome der Tochtersubstanz. Diese Zahl ist demnach ebenfalls konstant, weil innerhalb eines beliebigen Intervalls ebensoviel Atome der Tochtersubstanz neu entstehen, als zerfallen. Zwischen den beiden Substanzen besteht dann, wie man sagt, radioaktives Gleichgewicht. Als Beispiel sei angeführt, daß, wie man fand, in Uranmineralien auf 1 g Uran ein Gehalt von $3{,}4 \cdot 10^{-7}$ g Radium kommt. Dieses Verhältnis entspricht durchaus dem Verhältnis der beiden Zerfallskonstanten, die für Radium und Uran direkt ermittelt werden konnten.

Die meisten radioaktiven Stoffe lassen sich in drei Umwandlungsreihen derart einordnen, daß jedes Element einer Reihe aus dem ihm in der Reihe vorangehenden entweder durch eine α-

[1] Die Halbwertszeit ist gleich $\ln 2/\lambda$.

oder eine β-Umwandlung entsteht. Die wichtigste dieser Reihen ist die Uran-Radium-Reihe, die von Uran I zu Uranblei führt; letzteres geht aus ersterem durch insgesamt acht α- und sechs β-Umwandlungen hervor, und dementsprechend sind sein Atomgewicht um 32 und seine Ordnungszahl um 10 niedriger (206 gegen 238 und 82 gegen 92). Die beiden anderen Reihen sind die Thorium- und die Actiniumreihe. Außerhalb der drei Reihen sind später noch einige andere Stoffe als radioaktiv erkannt worden, so Kalium, Rubidium, Beryllium, Samarium. Als Begleiterscheinung des radioaktiven Zerfalls wurde schon früh eine weder elektrisch noch magnetisch ablenkbare sogenannte γ-Strahlung festgestellt, in der man später besonders harte Röntgenstrahlen erkannte. Es konnte nachgewiesen werden, daß die Zahl der emittierten γ-Lichtquanten stets mit der Zahl der zerfallenden Atome übereinstimmt.

§ 70. Die Umwandlungen chemischer Elemente

Neben den Grundstoffumwandlungen, die sich bei den radioaktiven Stoffen spontan abspielen, kennt die Physik seit 1919 auch „künstliche" Umwandlungen; sie unterscheiden sich von den radioaktiven nicht nur dadurch, daß sie von außen herbeigeführt werden, sondern auch dadurch, daß bei ihnen ein in den Kern eindringendes Teilchen „eingefangen" wird und erst der dadurch veränderte Kern zerfällt. Zum Zustandekommen einer derartigen Grundstoffumwandlung müssen offenbar mehrere Voraussetzungen erfüllt sein. Zunächst darf das „Geschoß", um den Kern selbst treffen zu können, nur ein Volumen erfüllen, das klein im Verhältnis zu dem Volumen eines Atoms ist; als Geschosse kommen daher nur Elementarteilchen und leichte hüllenlose Kerne in Betracht, also vor allem die als Protonen und Deutonen bezeichneten Kerne des normalen bzw. schweren Wasserstoffs, ferner die als α-Teilchen bekannten Heliumkerne, sowie die später zu erörternden Neutronen, während Elektronen wegen der zu geringen Masse und daher zu geringen Wucht keine Wirkung ausüben können. Das Teilchen muß ferner durch seine Wucht imstande sein, die starke elektrische Abstoßung zu überwinden, die der positiv geladene Kern jedem Annäherungsversuch seitens eines ebenfalls positiv elektrischen Teilchens entgegensetzt; dies ist der Grund, warum Atomzertrümmerung zunächst nur bei den niedrigen, nicht auch bei den höheren (und daher stärker geladenen) Kernen gelungen ist, aber auch dafür, daß sich die ungeladenen Neutronen als besonders wirksam erwiesen. Schließlich muß das Geschoß wenigstens so viel kinetische Energie mit sich führen, als Energie bei der im Kerne vor sich gehenden „chemischen Reaktion“ verbraucht wird; dieser Umstand erklärt es, daß sich z. B. unter den α-strahlenden Substanzen nur diejenigen als Mittel zur Atomzertrümmerung eignen, deren α-Teilchen die höchsten Anfangsgeschwindigkeiten haben.

Für die Kernumwandlungen gelten mannigfache Erhaltungssätze, die sehr wertvolle Aufschlüsse über das Wesen der Vorgänge gewähren. Beschreiben wir die Umwandlung durch eine chemische Reaktionsformel, wobei wir jeden Stoff (auch das Geschoß) durch einen unteren, die Kernladungszahl darstellenden, und einen oberen, die Massenzahl angebenden Index kennzeichnen, so muß sowohl bei den unteren als auch den oberen Indizes die Summe vor und nach der Umwandlung gleich sein. Eine besonders einfache und übersichtliche Umwandlung ist diejenige, bei der Lithium-Atome unter Einfangung eines Protons in zwei α-Teilchen zerfallen (1932 von COCKCROFT und WALTON entdeckt). Da das häufigere der beiden Lithium-Isotope die Massenzahl 7 hat, ergibt sich die Reaktionsformel

$$(1) \qquad {}^{7}_{3}\mathrm{Li} + {}^{1}_{1}\mathrm{H} \longrightarrow 2\,{}^{4}_{2}\mathrm{He}\;;$$

in der Tat ist für die unteren Indizes auf beiden Seiten die Summe gleich 4 und für die oberen Indizes gleich 8.

Wenn man nun in der Formel (1) die genau bekannten Atomgewichte von ^{7}Li (7,0146), ^{1}H (1,00778) und ^{4}He (4,00216) einsetzt, so findet man, daß die Reaktion einen scheinbaren Massendefekt von 0,0181 (in Atomgewichtseinheiten) ergibt. Nach dem Prinzip der Eigenenergie der Materie (§ 37) sowie dem Satze von der Erhaltung der Energie muß daher ein diesem scheinbaren Massendefekt äquivalenter Betrag in der Form von kinetischer Energie frei werden, indem um diesen Betrag die lebendige Kraft der fortgeschleuderten α-Teilchen diejenige des Projektils (also des Protons) überragen müßte.

In der Atomphysik benutzt man nun zweckmäßigerweise als Einheit der Energie diejenige Arbeit, die ein Elektron bei dem Durchlaufen einer Spannung von 1 Volt leistet. Diese Einheit wird als Elektron-Volt (eV) bezeichnet[1]; für ihr Millionenfaches (das Elektron-Megavolt) wird das Symbol eMV gebraucht.

[1] NB. Ein Elektronvolt ist ebensowenig eine Spannungseinheit, wie ein Kilogramm-Meter ein Längenmaß ist!

1 eMV ist gleich $1{,}591 \cdot 10^{-6}$ erg; da die Eigenenergie eines Wasserstoffatoms ($m_H c^2$) gleich ist $1{,}496 \cdot 10^{-3}$ erg, entspricht also der tausendste Teil einer Atomgewichtseinheit ungefähr 1 eMV, oder genauer

$$(2) \qquad 0{,}001 \text{ Atomgew.-Einh.} \sim 0{,}94 \text{ eMV} .$$

Im Falle des Lithium-Atoms ergibt sich daher ein Energiegewinn von 17 eMV. Tatsächlich weisen nun die α-Teilchen, die als Lithium-Atomtrümmer beobachtet werden und in entgegengesetzten Richtungen paarweise fortfliegen, eine Reichweite von 8,4 cm auf, und aus der Physik der radioaktiven Erscheinungen ist es wohl bekannt, daß α-Teilchen dieser Reichweite eine Energie von 8,6 eMV besitzen[2]. Ein Paar von α-Teilchen hat also in der Tat eine kinetische Energie von 17 eMV, so wie es die Theorie erfordert; denn die kinetische Energie des Protons (bei den Zertrümmerungsversuchen nur einige hunderttausend eV) kann neben derjenigen der α-Teilchen vernachlässigt werden. So bieten die Beobachtungen über die Zertrümmerung des Lithiums eine vortreffliche empirische Bestätigung des Satzes von der Eigenenergie.

Eine weitere Bestätigung dieses Satzes bildet die Tatsache, daß bei dem Bombardement von Lithium mit Deutonen (vgl. Fig. 19) eine Reichweite wegfliegender α-Teilchen von 13,2 cm festgestellt wird; dies entspricht einer Energie von 11,5 eMV. Nimmt man in naheliegender Weise an, daß diese Umwandlung die Atome des weniger häufigen Lithium-Isotops von der Masse 6 betrifft, so gelangt man zu der Reaktionsformel

$$(3) \qquad {}^{6}_{3}\text{Li} + {}^{2}_{1}\text{H} \longrightarrow 2\,{}^{4}_{2}\text{He} .$$

Aus den genauen Atomgewichten des ^{6}Li (6,0145) und des schweren Wasserstoffs (2,01363) folgt ein Massendefekt, der 23 eMV entspricht, also tatsächlich der empirisch festgestellten kinetischen Energie eines Paares von α-Teilchen.

Auch der Zerfall eines Bor-Atoms in drei α-Teilchen nach Einfangen eines Protons ist eingehend untersucht worden; dieser Vorgang ist durch die Reaktionsformel beschrieben

$$(4) \qquad {}^{11}_{5}\text{B} + {}^{1}_{1}\text{H} \longrightarrow 3\,{}^{4}_{2}\text{He} ,$$

wobei sich auch das Prinzip der Eigenenergie als erfüllt erweist. Eine besonders einfache und interessante Umwandlung erfolgt,

[2] Denn man kennt zu jeder Reichweite die entsprechende Anfangsgeschwindigkeit.

wie 1934 RUTHERFORD, OLIPHANT und HARTECK fanden, wenn schwerer Wasserstoff mit Deutonen bombardiert wird; aus der vorübergehenden Vereinigung zweier Deutonen (des Projektils und des getroffenen Kerns) entstehen ein Proton und ein

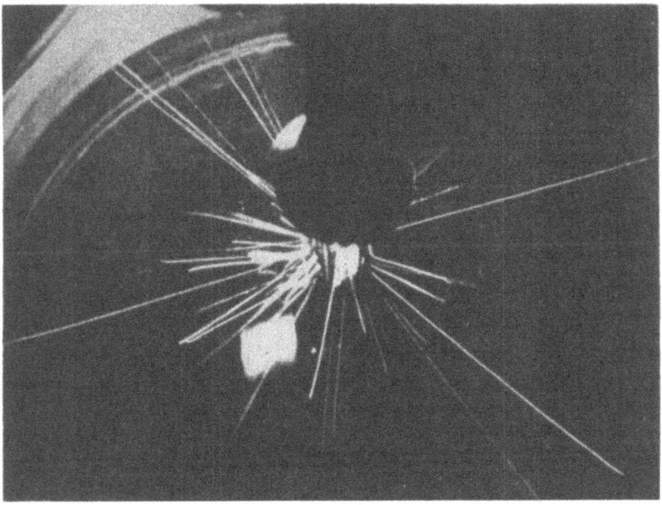

Fig. 19. Zertrümmerung von Lithiumatomen durch Deutonen (Aufnahme mit der WILSON-Kammer) nach P. J. DEE und E. T. S. WALTON (Proc. Roy. Soc. London A **141**, 1933).

Kern eines bis dahin unbekannten Wasserstoff-Isotops von dreifacher Masse. Eine wichtige Gruppe von Umwandlungen sind ferner diejenigen, bei denen unter Einfangung eines α-Teilchens ein Proton emittiert wird. Am längsten ist die Reaktion der Stickstoffzertrümmerung bekannt, nämlich

$$ {}^{14}_{7}\mathrm{N} + {}^{4}_{2}\mathrm{He} \longrightarrow {}^{17}_{8}\mathrm{O} + {}^{1}_{1}\mathrm{H}\,. \tag{5}$$

Wichtige Aufschlüsse über Einzelheiten der Grundstoffumwandlungen lassen sich durch Anwendung der Sätze von der Erhaltung des Impulses und des gesamten Spin (vgl. § 62) gewinnen.

§ 71. Neutron und Positron

Bis zum Jahre 1932 wurden allgemein das negative Elektron und das 1847 mal schwerere positiv elektrische Proton als die beiden Urbausteine der Materie angesehen. Diese tief eingewurzelte Vorstellung wurde indessen durch zwei Entdeckungen überholt, die das Jahr 1932 beschied und durch die als weitere Urbausteine der Materie das Neutron und das Positron erkannt wurden.

1930 hatten BOTHE und BECKER eine äußerst durchdringende Strahlung aufgefunden, die vor allem von Beryllium, aber auch von einigen anderen leichteren Elementen unter der Einwirkung von α-Strahlen ausgeht. CHADWICK stellte dann fest, daß sich diese Strahlung vorwiegend aus materiellen Teilchen zusammensetzt, die ungeladen sind, kein größeres Volumen als die leichtesten Atomkerne einnehmen und angenähert die Masse eines Wasserstoffatoms haben. Diese sogenannten Neutronen haben in der Beryllium-Strahlung eine durchschnittliche Energie von etwa 5 eMV; doch kommen auch Energiewerte bis über 14 eMV vor. Mit den Neutronen ist, wie IRÈNE CURIE und JOLIOT fanden, eine äußerst harte γ-Strahlung verbunden, die bei Beryllium einer Spannung von 5 Millionen Volt entspricht[1].

Die Ausschleuderung eines Neutrons aus einem Berylliumkern geht nach der Reaktionsformel vor sich

$$(1) \qquad {}^{9}_{4}\mathrm{Be} + {}^{4}_{2}\mathrm{He} \longrightarrow {}^{12}_{6}\mathrm{C} + {}^{1}_{0}n\,.$$

Die Masse eines Neutrons dürfte in Atomgewichtseinheiten 1,01 betragen, also etwas größer als diejenige eines Protons (1,0072) sein.

Das positive Elektron oder Positron ist als Gegenstück zu dem längst bekannten negativen Elektron zunächst durch ANDERSON gelegentlich von Untersuchungen der kosmischen Strahlung entdeckt worden; bald darauf wurde sein Auftreten auch als Folgeerscheinung von Grundstoffumwandlungen festgestellt, wobei es sich aber zeigte, daß positive Elektronen nur wenig beständig sind[2]. JOLIOT fand, daß Aluminium, das mit α-Teilchen von Polonium bombardiert wird, seinerseits eine „Positronenquelle" wird. Den Ausgangspunkt für eine Fülle weiterer wichtiger Entdeckungen bot die Feststellung von CURIE und JOLIOT, daß die Positronenemission seitens der Aluminiums nach Entfernung der α-strahlenden Substanz noch einige Zeit unter exponentiellem Abklingen andauert. Damit war zum

---

[1] D. h., daß Strahlung dieser Härte in einer Röntgenröhre von 5 Millionen Volt erzeugt würde.

[2] Dies steht in Einklang mit einer bereits 1928 durch DIRAC begründeten wellenmechanischen Theorie des Elektrons.

ersten Male ein Fall künstlicher Radioaktivität beobachtet worden. Curie und Joliot konnten sogar nachweisen, daß sich in diesem Falle die aktive Materie in chemischer Hinsicht wie Phosphor verhält. Es erscheint somit mittels chemischer Methoden die künstliche Umwandlung von Aluminium in Phosphor (allerdings in ein instabiles Isotop) erwiesen; für den

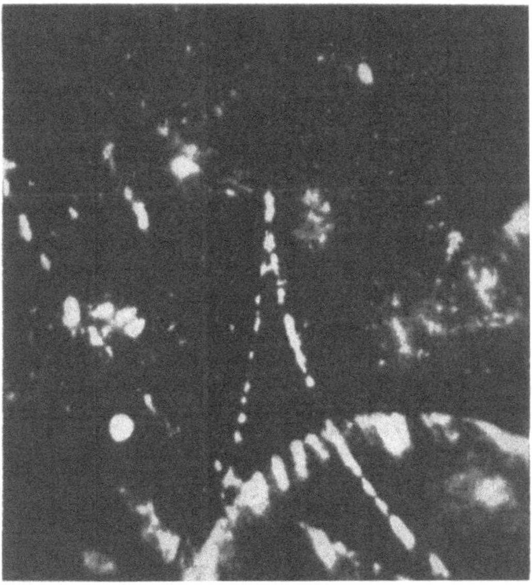

Fig. 20. Erzeugung eines Elektronenpaares durch ein Lichtquant in Argon nach I. Curie und F. Joliot (Journ. de Physique [7] **4**, 1933).

neu entdeckten „Radio-Phosphor" wurde eine Halbwertszeit von 2 m 30 sec ermittelt. Ähnliche Umwandlungen (in Radio-Stickstoff und Radio-Silicium) wurden bei B und Mg festgestellt.

Fermi hat dann 1934 zeigen können, daß durch Bombardement mit Neutronen die überwiegende Mehrzahl der Grundstoffe, infolge Umwandlung in einen anderen instabilen Grundstoff, β-Aktivität mit bestimmten Halbwertszeiten erlangt. Dieser Effekt wurde auch bei Uran festgestellt; aus verschiedenen Beobachtungen gelangte dabei Fermi zu dem Schluß, daß der

Träger der Uran-Aktivität ein Isotop eines Grundstoffes von höherer Ordnungszahl als 92 (wahrscheinlich Nr. 93) sein dürfte.

Als eine experimentelle Entdeckung von größter theoretischer Wichtigkeit muß auch die der Materialisation des Lichtes angesehen werden. Wie 1933 Irène Curie und Joliot sowie andere Forscher entdeckten, vermag ein Lichtquant, dessen Energie die doppelte Eigenenergie eines Elektrons (das Doppelte von $\frac{1}{2}$ eMV) überragt, durch sein Verschwinden Materie in Form eines Elektronenpaars (negatives plus positives Elektron) ins Leben zu rufen (vgl. Fig. 20, die eine Aufnahme mittels Wilson-Kammer in einem starken Magnetfeld wiedergibt; in diesem werden das positive und das negative Elektron, die von einem gemeinsamen Ursprung ausgehen, in entgegengesetztem Sinne abgelenkt). Der Überschuß an Energie über die erforderliche Million Elektron-Volt erscheint dabei als kinetische Energie des produzierten „Materiezwillings". Daß nur die Bildung eines Paares möglich ist, erklärt sich aus dem wohlbekannten Prinzip der Erhaltung der Elektrizität, das Veränderungen der algebraischen Summe aller Ladungen ausschließt.

Auch der umgekehrte Vorgang der „Dematerialisation" konnte beobachtet werden. Joliot bombardierte mit der vorhin erwähnten Positronenquelle Metalle und stellte nicht nur das Auftreten von γ-Lichtquanten fest, deren Energie recht genau $\frac{1}{2}$ eMV, also der Eigenenergie eines Positrons entsprach, sondern fand auch, daß die Zahl der erzeugten Photonen gerade doppelt so groß wie die Zahl der auftreffenden Positronen ist. Es verschwindet also offenbar (gemäß dem Satze von der Erhaltung der Elektrizität) je ein Positron gemeinsam mit einem negativen Elektron, wobei sich die Eigenenergie des Paares in die Energie zweier Photonen verwandelt; daß es zwei, und zwar in entgegengesetzten Richtungen forteilende Photonen sind, erklärt sich wiederum aus dem Satze von der Erhaltung des Impulses.

Fünfzehntes Kapitel

Quantenstatistik

§ 72. Die Statistik der Lichtquanten

Im Jahre 1900 hat sich Lord Rayleigh im Zusammenhang mit strahlungstheoretischen Untersuchungen die Frage vorgelegt, wie sich in einem von stehenden Schwingungen erfüllten abgeschlossenen Raume die Schwingungen über die möglichen Werte der Frequenz verteilen. Er ging dabei von der Erwägung aus, daß im Falle eines rechtwinkligen Parallelepipeds zu den Flächen parallele Knotenebenen auftreten müssen, und erhielt durch geometrische Überlegungen folgende Beziehung für die Zahl ΔN der stehenden Schwingungen, die einem Intervall der Wellenzahl zwischen z und $z + \Delta z$ angehören:

(1) $$\Delta N = 4\pi V z^2 \Delta z ;$$

dabei ist unter der Wellenzahl der reziproke Wert der Wellenlänge verstanden, und V bedeutet das Volumen des von den Schwingungen erfüllten abgeschlossenen Raums.

Die Gl. 1 möge nun mit der fundamentalen Beziehung der Wellenmechanik (Gl. 1 des § 59) verknüpft werden, die jedem Impuls eines Teilchens (p) eine Wellenlänge h/p und somit eine Wellenzahl p/h zuordnet. Setzen wir diesen Wert für z in Gl. 1 ein, so finden wir

(2) $$\Delta N = \frac{4\pi V}{h^3} p^2 \Delta p .$$

Durch diese Formel ist für die Teilchen die Zahl der möglichen Impulswerte in dem Intervalle von p bis $p + \Delta p$ dargestellt.

Wir denken uns nun ein abgeschlossenes Volumen V mit Individuen von bestimmten Impulsen erfüllt; jedem Individuum (es kann ein Materieteilchen oder ein Lichtquant sein) können je drei Impulskomponenten zugeordnet werden. In einem „Impulsraum" werde nun jedes Individuum durch einen „Impulspunkt" repräsentiert, dessen Koordinaten den drei Impulskomponenten gleich seien. Der Abstand des Impulspunktes von dem Ursprung stellt dann den Betrag des Impulses dar. Wenn wir daher in dem Impulsraum um den Koordinatenursprung zwei konzentrische Kugelflächen mit den Radien p und $p + \Delta p$ konstruieren, so enthält die von den beiden Kugelflächen umschlossene Kugelschale vom Volumen $4\pi p^2 \Delta p$ sämtliche Impulspunkte mit den Beträgen zwischen p und $p + \Delta p$. In dieser Schale kommen nach Gl. 2 auf die Volumeinheit V/h^3 mögliche Impulswerte. Umgekehrt können wir daher dem Impulsraum eine Zellenstruktur zuschreiben, wobei die einzelnen Zellen die Größe

(3) $$\sigma = \frac{h^3}{V}$$

haben.

Die einzelnen Zellen des Impulsraumes können nun auch ihrerseits als Individuen angesehen werden — eine Auffassung, die zuerst 1920 von dem indischen Physiker BOSE entwickelt wurde — und es kann daher eine individuelle Verteilung von Energie über die Zellen betrachtet werden. Jeder Zelle entspricht ein charakteristischer Betrag des Impulses, der durch die Entfernung dieser Zelle von dem Ursprung des Impulsraumes dargestellt ist. Wenn wir Lichtquanten betrachten und somit zwischen dem Impuls und der Energie universelle Proportionalität besteht[1], so entspricht jeder Zelle auch ein bestimmter Energiewert ε $(= h\nu)$. Der auf eine Zelle entfallende Energiebetrag ist gleich $n\,\varepsilon$ oder $n\,h\,\nu$, wenn die Impulspunkte von n Lichtquanten in die betreffende Zelle fallen.

Als eine Gesamtheit von Individuen können nun zunächst diejenigen Zellen betrachtet werden, denen Frequenzen innerhalb des Intervalls von ν bis $\nu + \Delta\nu$ zukommen. Wenn man sich die Energiedichte η spektral nach der Beziehung zerlegt denkt

$$\eta = \int_0^\infty u_\nu \, d\nu \,, \tag{4}$$

so ergeben einfache Überlegungen in Verknüpfung mit Erkenntnissen der statistisch-kinetischen Wärmetheorie die wichtige, von PLANCK bereits 1900 auf anderem Wege abgeleitete Beziehung

$$u_\nu = \frac{8\pi h \nu^3}{c^3} \, \frac{1}{e^{\frac{h\nu}{kT}} - 1} \,, \tag{5}$$

wobei k die BOLTZMANNsche Konstante und T die absolute Temperatur bedeuten. Voraussetzung für die Gültigkeit der Gl. 5 ist allerdings das Bestehen von Wärmegleichgewicht.

Durch Integration der Gl. 5 findet man

$$\eta = \frac{48\pi\alpha k^4}{h^3 c^3} T^4 \,, \tag{6}$$

wobei

$$\alpha = \frac{1}{1^4} + \frac{1}{2^4} + \frac{1}{3^4} + \frac{1}{4^4} + \ldots = 1{,}0823 \tag{7}$$

ist. Im thermodynamischen Gleichgewicht ist also die Strahlungsdichte der vierten Potenz der absoluten Temperatur proportional.

[1] Denn der Impuls eines Lichtquants ist $h\nu/c$, seine Energie aber $h\nu$.

Die auf die Flächeneinheit und die Zeiteinheit bezogene Menge der von der Oberfläche eines warmen Körpers ausgestrahlten Energie wird als das Emissionsvermögen (K) des Körpers bezeichnet. Es kann nun gezeigt werden, daß zwischen dem Emissionsvermögen eines vollkommen schwarzen Körpers, nämlich eines Körpers, der alle auftreffende Strahlung restlos absorbiert, und der Energiedichte einer Strahlung, die einen abgeschlossenen Raum erfüllt (einer sogenannten Hohlraumstrahlung), im Gleichgewicht die einfache Beziehung besteht

$$K = \frac{\eta c}{4} \tag{8}$$

(wobei c die Lichtgeschwindigkeit bedeutet).

Ebenso wie die Energiedichte läßt sich natürlich auch das Emissionsvermögen spektral zerlegen. Nimmt man die Zerlegung statt nach Frequenzen nach Wellenlängen vor, so führen die Rechnungen zu dem berühmten PLANCKschen Strahlungsgesetz:

$$K_\lambda = \frac{2\pi h c^2}{\lambda^5} \cdot \frac{1}{e^{\frac{ch}{k\lambda T}} - 1}. \tag{9}$$

Durch das PLANCKsche Strahlungsgesetz wird das spezifische, sogenannte monochromatische Emissionsvermögen als Funktion der Temperatur und der Wellenlänge dargestellt. Durch partielle Differentiation nach λ kann diejenige Wellenlänge ermittelt werden, für die K_λ ein Maximum wird. Man erhält die wichtige, bereits 1893 von WIEN gewonnene und als Verschiebungsgesetz bezeichnete Beziehung

$$\lambda_{\max} T = b, \tag{10}$$

wobei b eine Konstante ist. Die Quantentheorie ergibt für sie den Wert

$$b = \frac{ch}{\beta k}, \tag{11}$$

wobei β ($= 4{,}9651$) die Wurzel der Gleichung

$$\frac{\beta}{5} + e^{-\beta} = 1$$

ist.

Aus Gl. 6 und 8 folgt auch das bereits 1879 von STEFAN ausgesprochene und später von BOLTZMANN bewiesene Gesetz, wonach das Emissionsvermögen eines schwarzen Körpers der vierten Potenz der absoluten Temperatur proportional ist.

§ 73. Die Statistik der freien Elektronen

Es war der glückliche Gedanke des italienischen Physikers FERMI, die in dem letzten Abschnitt erörterte BOSE-Statistik mit dem PAULIschen Prinzip zu verknüpfen. FERMI folgerte aus diesem Prinzip, daß keine Zelle des Impulsraumes mit mehr Teilchen besetzt sein dürfe, als das „statistische Gewicht" der Teilchen beträgt; dieses ist für freie Elektronen mit zwei anzusetzen, entsprechend den beiden entgegengesetzten Möglichkeiten des Elektronenspin.

Aus der FERMIschen Grundannahme ergeben sich sogleich, ohne daß dazu mathematische Deduktionen erforderlich wären, sehr bedeutungsvolle Folgerungen für das Verhalten idealer Gase in der Nähe des absoluten Nullpunktes. Denken wir uns nämlich den Impulsraum in lauter konzentrische Kugelschalen von endlicher Dicke zerlegt, so enthält jede dieser Schalen eine endliche Zahl von Zellen und kann infolgedessen auch nur mit einer endlichen Zahl von Teilchen (genauer gesagt von Teilchen repräsentierenden Impulspunkten) besetzt sein. Das Gebiet, über das sich die Impulspunkte eines gegebenen Gases erstrecken, kann also nach der FERMI-Statistik keinesfalls, auch bei noch so starker Abkühlung, unter eine bestimmte minimale Ausdehnung zurückgedrängt werden. Es kann somit auch die Energie eines gegebenen Gases nicht unter einen bestimmten Minimalbetrag sinken, weil ja die Energie eines Teilchens mit dem Quadrate des Abstandes des Impulspunktes von dem Ursprung wächst. Da durch den Impuls der Teilchen der Druck des Gases verursacht ist, so ergibt sich endlich als ein notwendiges Korrelat zu der Existenz einer Nullpunktsenergie auch das Vorhandensein eines Nullpunktsdruckes.

Die durch die Quantenstatistik bedingten Abweichungen der idealen Gase von dem durch das Gasgesetz geforderten Verhalten werden als Entartungserscheinungen bezeichnet; sie sind natürlich wohl von denjenigen Abweichungen zu unterscheiden, die auf die intramolekularen Kräfte zurückzuführen sind. Die Entartung muß nun nach dem vorhin Gesagten offenbar um so stärker sein, je schlimmer, sozusagen, der Platzmangel für die in den Zellen des Impulsraumes unterzubringenden Impulspunkte ist. Es ist also starke Entartung dann zu erwarten, wenn die Zahl der Teilchen, deren Impulspunkte nach der klassischen Statistik in eine bestimmte Kugelschale fallen würden, sehr über die Zahl der Zellen überwiegt, die innerhalb dieser Kugelschale auf Grund der Quantentheorie anzunehmen sind.

Es läßt sich zeigen, daß dieses Kriterium starker Entartung kaum bei beobachtbaren Temperaturen für eigentliche Gase erfüllt sein kann; hingegen trifft es selbst bei Zimmertemperatur für die freien Elektronen eines Metalls zu. Nach einer Vorstellung, die bereits im Jahre 1900 von DRUDE begründet und vor allem durch H. A. LORENTZ fortgebildet wurde, sollen nämlich die Eigentümlichkeiten der Metalle, wie ihre große Wärme- und Elektrizitätsleitfähigkeit, dadurch bedingt sein, daß die Metalle in ihrem Inneren freie Elektronen enthalten, die sich wie ein in dem Metall eingeschlossenes Gas verhalten. Das Molekulargewicht dieses Elektronengases würde nur $^1/_{1848}$ betragen, wodurch sich seine außerordentliche Entartung erklärt.

Durch diese Erkenntnis löst sich, wie SOMMERFELD zeigte, eine Schwierigkeit, die die klassische Theorie des Elektronengases nicht hatte überwinden können. Nach der klassischen Statistik müßte nämlich bei der Temperatur T jedes freie Elektron genau so wie eine einatomige Molekel die kinetische Energie $3\,k\,T/2$ aufweisen. Wenn, wie wir annehmen müssen, die Zahl der freien Elektronen nicht hinter der Zahl der Metallatome zurückbleibt, so müßten die Elektronen zur spezifischen Wärme des Metalls somit wenigstens den Wert $3\,R/2$ oder etwa 3 Kalorien pro Grammatom beitragen, welche Folgerung in völligem Widerspruch zu der Erfahrung steht. Vom Standpunkte der FERMIschen Statistik ergibt sich hingegen der durch die Elektronen gelieferte Beitrag zur spezifischen Wärme rund 70mal kleiner als nach der klassischen Theorie.

Andererseits übertrifft die mittlere Energie eines Elektrons bei Zimmertemperatur nach der FERMI-Statistik den klassischen Betrag rund tausendfach; sie ist von der Größenordnung von 10^{-11} Erg gegenüber einem klassischen Werte von etwa 10^{-14} Erg. Dabei ist die Energie der Elektronen, wie aus dem kleinen Werte der spezifischen Wärme folgt, nahezu temperaturunabhängig. Der Druck des Elektronengases ergibt sich in der neuen Statistik zu rund 100000 atm.

§ 74. Die Unbestimmtheit des atomaren Geschehens

Wenn wir als einfachstes Beispiel eines mechanischen Systems einen Massenpunkt betrachten, der sich in einer geraden Linie bewegt, so ist der mechanische Zustand dieses Systems, seine sogenannte Phase, durch eine Lagenkoordinate und einen Impulswert stets völlig bestimmt. Der mechanische Zustand ist dann in einer Phasenebene darstellbar, in der die Lagenkoordinate die Abszisse und der Impuls die Ordinate ist. Wir denken uns nun in dieser Ebene ein kleines Rechteck mit zu den Achsen parallelen Seiten konstruiert (Fig. 21). Die Basis des Rechtecks hat die Dimension einer Länge, die Höhe die Dimension eines Impulses, und der Flächeninhalt des Rechtecks somit die Dimension g $cm^2 sec^{-1}$ oder erg. sec, also die Dimension einer Wirkung.

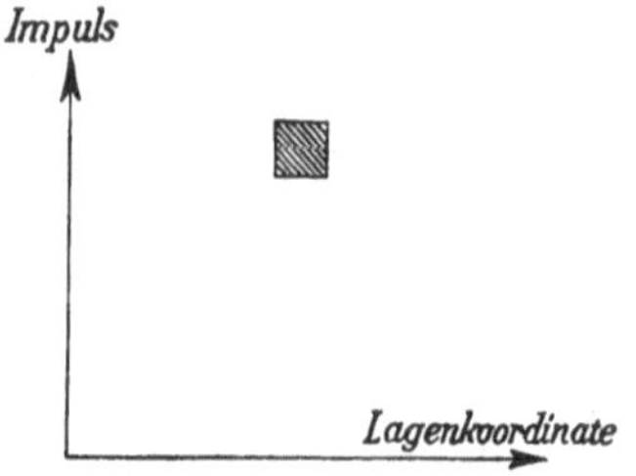

Fig. 21.

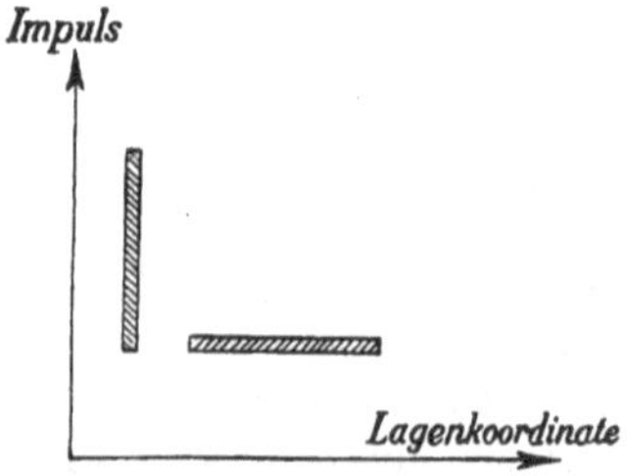

Fig. 22.

Wenn es nun eine universelle Konstante in der Form des elementaren Wirkungsquantums gibt, wenn also die mechanische Wirkung als solche sozusagen „atomisiert“ ist, dann liegt jedenfalls der Gedanke nahe, auch der Phasenebene eine atomistische Struktur zuzuschreiben. Der mechanische Zustand des betrachteten Körpers wäre dann in der Phasenebene nicht (wie in der klassischen Mechanik) durch scharfe Punkte, sondern nur durch Zellen von der Größe des elementaren Wirkungsquantums darstellbar. Die Form der Zellen mag willkürlich sein, keinesfalls aber ihr stets konstanter Flächeninhalt. Hat die Zelle, wie wir annahmen, die Form eines zu den Achsen parallelen Rechtecks, so bezieht sich die Basis auf die Schärfe der Lagenbestimmung und die Höhe auf die Schärfe der Impuls-, also der Geschwindigkeitsbestimmung. Schärfe der Lagenbestimmung bedeutet nun eine ganz schmale Basis des Rechtecks, also, da der Flächeninhalt des Rechtecks gegeben ist, beträchtliche Höhe und somit Unschärfe in der Geschwindigkeitsbestimmung. Umgekehrt ist bei scharfer Geschwindigkeitsbestimmung das Rechteck sehr niedrig, also seine Basis beträchtlich und somit die Lagenbestimmung unscharf (Fig. 22). Jeder Versuch, den mechanischen Zustand zu determinieren, muß also notwendigerweise mit einem Fehler von der Größenordnung des elementaren Wirkungsquantums verbunden sein. Dieses Prinzip der elementaren Unschärfe ist zuerst von HEISENBERG im Jahre 1927, allerdings auf Grund andersartiger Überlegungen, gewonnen worden. Wir ersehen im übrigen leicht, daß im Falle einer dreidimensionalen Bewegung die Zellen des Phasenraums gleich h^3 werden und erkennen wiederum in dieser Beziehung die Verallgemeinerung der für die Zellenteilung des Impulsraums geltenden Formel (Gl. 2 des § 72).

Die durch die elementare Unschärfe hervorgerufene Ungenauigkeit ist natürlich völlig bedeutungslos für das makrophysikalische Geschehen. Ganz anders ist es jedoch bei den atomaren Vorgängen als solchen, weil die mit diesen verknüpfte „Wirkung" nur von der Größenordnung des unvermeidlichen Fehlers ist. Es ergibt sich somit die schwerwiegende Folgerung, daß atomare Zustände überhaupt nicht determinierbar sind. Die Begriffe der gewöhnlichen Mechanik verlieren im Bereiche der Atome ihren Sinn, weil es nicht möglich ist, Elektronen zu lokalisieren oder ihnen gar eine bestimmte Gestalt oder Umgrenzung zuzuschreiben.

Wenn heute die wirkliche Existenz der Atome als eine völlig gesicherte Erkenntnis der Physik angesehen werden darf, so darf es doch keinesfalls übersehen werden, daß die Wirklichkeit der Atome von anderer Art als diejenige der sinnlich wahrnehmbaren Gegenstände ist.

NAMENVERZEICHNIS

SACHVERZEICHNIS

Künstliche Verwandlung der Elemente (Zertrümmerung der Atome)
Von Dr. HANS PETTERSSON in Göteborg (Schweden). Aus dem Schwedischen übersetzt von Elisabeth Kirsch. Mit 59 Figuren im Text. Groß-Oktav. VIII, 151 Seiten. 1929. RM 8.—, geb. RM 9.—

Die Grundlagen der Physik
Synthetische Prinzipien der mathematischen Naturphilosophie. Von Dr. HUGO DINGLER, a. o. Professor an der Universität München. Zweite Auflage. Oktav. XIV, 336 Seiten. 1923. RM 4.—, geb. RM 5.—

Physik und Hypothese
Versuch einer induktiven Wissenschaftslehre nebst einer kritischen Analyse der Fundamente der Relativitätstheorie. Von Dr. HUGO DINGLER, a. o. Professor an der Universität München. Oktav. XI, 200 Seiten. 1921. RM 3.—, geb. RM 4.—

Wörterbuch der Physik
Von Dr. FELIX AUERBACH, a. o. Professor an der Universität Jena. Mit 267 Figuren. Oktav. X, 466 Seiten. 1920. Geb. RM 4.50

Physikalische Formelsammlung
Von G. MAHLER †, Professor der Mathematik und Physik am Gymnasium in Ulm, und Professor K. MAHLER, Studienrat an der Oberrealschule Aalen in Württemberg. Mit 71 Figuren. (Sammlung Göschen Bd. 136.) Geb. RM 1.62

Physikalische Aufgabensammlung
Von G. MAHLER †, Professor der Mathematik und Physik am Gymnasium in Ulm, und Professor K. MAHLER, Studienrat an der Oberrealschule Aalen. Mit den Resultaten. (Sammlung Göschen Bd. 243.) Geb. RM 1.62

Physikalische Tabellen
Von Dr. A. LEICK. Neubearbeitet von Professor Dr. W. LEICK in Berlin-Lichterfelde. (Sammlung Göschen Bd. 650.) Geb. RM 1.62

Physikalische Messungsmethoden
Von Professor Dr. WILHELM BAHRDT in Berlin-Lichterfelde. Mit 54 Figuren. (Sammlung Göschen Bd. 301.) Geb. RM 1.62

Radioaktivität
Von Dr. KARL PRZIBRAM, a. o. Professor der Physik an der Universität Wien. Mit 31 Abbildungen. (Sammlung Göschen Bd. 317.) Geb. RM 1.62

Röntgenstrahlen
(Physik, Technik und Anwendung.) Von Dr. phil. nat. RICHARD HERZ in Frankfurt a. M. Mit 48 Figuren im Text und 36 Abbildungen auf 16 Tafeln. (Sammlung Göschen Bd. 950.) Geb. RM 1.62

Röntgenspektroskopie und Kristallstrukturanalyse
Von Dr. ARTHUR SCHLEEDE und Dr. ERICH SCHNEIDER. Zwei Bände. Groß-Oktav.
I. Band. Mit 249 Figuren und 56 Tabellen im Text. VIII, 336 Seiten. 1929. RM 18.50, geb. RM 20.—
II. Band. Mit 553 Figuren und 40 Tabellen im Text. IV, 344 Seiten. 1929. RM 22.50, geb. RM 24.—

FSC
www.fsc.org
MIX
Papier | Fördert gute Waldnutzung
FSC® C083411

Kolibri 360 GmbH
Ferdinand-Jühlke-Straße 7
99095 Erfurt, Deutschland
produktsicherheit@kolibri360.de